U0111188

日常 手作點心

鍾肖瑩 Cynthia Chung 著

萬里機構

愛藝術、愛生活……美食。

藝術是更高層次的溝通展示，Cynthia 以美學的角度，最新出版以手作點心為主題的食譜，中蒸西焗，具節日及家庭經典點心製作，並以簡易、常用及通用為本，使烹飪新手或入廚愛好者可多元化地持續配搭應用。

Cynthia 樂意以大愛和大家分享智慧美食生活，正合其互動互樂的初心（讀者見證她的成長；她也喜悅讀者的進步）。祝願這本平易近人的時尚美味食譜，為每一個家庭帶來和諧共融、健康幸福感。

錢秀蓮博士
舞林舞蹈學院院長
錢秀蓮舞蹈團藝術總監

鍾情一貫於烘樂
肖知曉喻旨佳餡
瑩然珠玉化創思

第一次與鍾肖瑩（Cynthia）對話，是在社交網站，我稱讚她拍的產品照片非常專業及高水準，不論是攝影角度、燈光效果或背景都把握得非常好，哪知她回覆說那只是在家裏的簡單部署和自然光線而已……如此可見，要是她在攝影工作室拍，那可不得了啊！就這樣，我們有了第一次的交流。

正式碰面是在煤氣烹飪中心，我們倆算是半個同事吧！Cynthia 給我的第一印象是一位溫柔善良且內心強大、能夠獨當一面及值得讓人欣賞的好導師。相處過後，更發現她待人以誠、處事態度認真，超凡手藝及心思創作的廚藝更不用多說，是一位不可多得的成功女子！

祝賀 Cynthia「天廚妙饌，一室香生」！

勞文康（四哥）
法國埃科菲廚皇協會香港區副主席

收到「悠樂煮廚」創辦人鍾肖瑩 Cynthia 的新作《日嘗手作點心》，細味之下，深覺有推之同好之必要，其因有二：製作過程簡單易學；點心設計匠心獨運，中西合璧，美觀可愛。多款與眾不同的點心製作，讓同好者立即產生動手一試的衝動。

我與 Cynthia 的相識始於石門中學的校友活動，她分享如何通過烹飪美食將親子活動互動體現，這種方式既能增進家庭成員之間的感情，又能帶來心靈的療癒，讓我深受感動。現今社會流行「親子活動」、「心靈療癒」等潮流，本書內容能提供這方面資訊，同搓麵粉、同捏造型、用心烘焙，待點心做好，那份喜悅豈止心靈療癒！

此書配合多個節日及親子互動需要，例如聖誕節那頂聖誕帽曲奇設計，靈巧非常；又如親子製作小熊貓和小海豹饅頭，造型超級可愛。有意自製點心的同好，怎能錯過？

個人認為此書是每家必備的食譜，予以強烈推薦！

邵亮標

石門中學香港校友會創會會長
保良局陸慶濤小學獨立校董

我應該是 Cynthia 作為全能媽媽的有力見證，無論是照顧小朋友起居飲食，或打理家頭細務，她都井井有條。

Cynthia 對烘焙及烹飪有着難以形容的熱情，每當有空餘時間，她都會試做新品，而且涉獵的範圍很廣泛；細看帖文內不同的作品，會發覺她懂得炮製任何美食，我家小朋友每日就像打開盲盒一樣，顯得新奇又好味，怎會有偏食煩惱？Cynthia 還很喜歡與人分享經驗，朋友都鼓勵她多撰寫食譜，我看到她的潛力，自作主張替她設計 Facebook 專頁，希望更多人認識及欣賞她的美食。她的故事由此開始……

其實，Cynthia 是我生命中的靈魂人物，她在烘焙路上的心路歷程，讓我有勇氣敢於投身自己熱愛的事業。我真心希望這本書能夠將我感受到的幸福及快樂，傳遞給每位讀者，令大家在烘焙及烹飪的過程中收穫甜美幸福的時光！

Royce Chow

Cynthia 丈夫

親愛的讀者朋友，我非常榮幸能與您分享這本手作烘焙食譜書。從數年前開始，烘焙就是我生活中一個重要的組成部分，不僅可以為家人朋友提供美味的食物，還可以成為一項很好的減壓活動，讓身心得到紓緩與平靜。一直熱愛創造美味而獨特的甜點，透過這本食譜書，我希望能將這份熱情傳遞給您，並引導您創造屬於自己的美味烘焙作品。

感謝大家對我平日在網絡分享食譜的支持，經過一番篩選，最終挑選和創作了三十八款我覺得最常用、最好用、也最適合家庭製作的糕餅點心食譜，匯聚成此書。在這本食譜裏，您會發掘到各式各樣的甜點，從傳統的蛋糕和餅乾，到創新的造型食物，每款都附上詳細的步驟和提示，協助您成功地製作美味的製成品。

無論您是甜點新手還是烘焙高手，都希望能從中找到喜歡的款式，並期待您在享受烘焙的過程中，找到屬於自己的那份手作樂趣。

祝烘焙愉快！

Cynthia

目錄

Chapter 1
創意造型 饅頭

Chapter 2
暖心家常 麵包

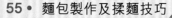

Chapter 3
節日慶典 點心

Chapter 4
中西家庭
小點心

了解烘焙材料

製作中西式點心，基本的材料不算多，但需要深入了解各材料的特性，才能夠做出理想中的小點心。

● 高筋、中筋、低筋麵粉

麵粉根據其蛋白質含量高低，基本上劃分為高筋麵粉（11.5% 或以上）、中筋麵粉（8.5%-11.5%）和低筋麵粉（8.5% 或以下）三大類。除此以外，還有特高筋麵粉（13%以上）。

高筋麵粉

粉粒較粗且鬆散，顏色較深，蛋白質含量較高，其產生的麩質彈力較強，延展性佳，適合用於製作各式麵包。

中筋麵粉

介於高筋麵粉和低筋麵粉之間，顏色乳白，體質半鬆散，適合用於製作中式包點、饅頭、麵條等日常家庭麵食。

低筋麵粉

也稱為蛋糕粉，顏色白，粉粒較幼細，麩質較少，因此筋性較弱，適合用於製作蛋糕、發糕、鬆餅、餅乾及曲奇等需要蓬鬆酥脆口感的糕點。

特高筋麵粉

蛋白質含量最高，筋度極強，黏性較大，延展性佳，可以摻雜高筋麵粉、全麥粉等使用。

法式麵粉的種類區分則按照其灰分含量來劃分，小麥的灰分指的是其所含有的礦物質，灰分含量愈高，麵粉的顏色愈深，所含礦物質也愈高，小麥風味相應更濃郁。法國 T 系列的麵粉可分為：T45、T55、T65、T80、T110 和 T150，T 後的數字愈大，表示這類麵粉的精度愈低，麵粉顏色愈深，小麥風味愈濃；反之，顏色愈淺、風味會淡一些。

● 酵母

製作麵包及部分糕點必備的材料，家裏常用的酵母有鮮酵母、乾酵母和速發乾酵母三種，還有各種經培養的天然酵母，不同酵母製作出來的麵包，風味各有不同，而且各款酵母的使用也需根據製作品項的種類而選擇，才能做出好吃的麵包。考量到大家購買材料的方便性，本書使用的都是速發乾酵母，其應用範圍比較廣，通用性較強，既可用於製作麵包，也可用於製作饅頭；如需要使用新鮮酵母，用量是速發乾酵母的三倍。

● 無鹽牛油

牛油為麵糰增添奶香味，改善其延展性和柔軟度，讓麵包更富彈性，增加風味。製作蛋糕、曲奇時，牛油更是不可或缺。如無特別說明下，都使用無鹽牛油，而非有鹽牛油，有鹽牛油因不同品牌而存在鹹度差異，故建議選購無鹽牛油，再自行加鹽調味的製作方式。

● 砂糖

糖可以為酵母提供養分、增加味道、有效防腐、保濕、有助麵糰上色及增加延展性。在烘焙中，糖的作用不僅增甜，隨意增減配方的糖量或改變糖的種類，成品效果是有差異的。

奶粉

增加烘焙品奶香味的重要來源，是液體牛奶無法替換的。

牛奶

使用市售鮮牛奶即可，如需要用牛奶與水進行替換，切記 100 克牛奶所含水分只有約 90%，假如配方使用 100 克水，需要用牛奶替換的話，其分量需要增加至 110 克；相反的話，100 克牛奶只能夠以 90 克水代替。

鹽

鹽跟糖一樣，除了讓產品增添味道，對於麵糰有強化麵筋、穩定發酵的作用。注意鹽及酵母需要分開放置入，以免影響發酵效果。

雞蛋

雞蛋用於製作麵包，具有增加光澤度、增強柔軟度及增加營養等作用。雞蛋用於製作蛋糕，更是固定搭配選項；雞蛋用於餅乾，可調整餅乾的酥鬆度。需要注意的是根據製作需要，有時會使用冷藏雞蛋，有時需要選用室溫雞蛋，對於不同情況要求各有不同。

忌廉芝士

有食譜會稱為奶油奶酪或奶油芝士，製作帶芝士風味的麵包或芝士蛋糕、餅乾時會選用。

鮮忌廉

也稱為淡奶油或鮮奶油，可添加麵糰增強奶香味，改善柔軟度。鮮忌廉可直接加糖打發，用於奶油蛋糕的夾層、抹面或擠花等，更可應用於餅乾麵糰。

家庭烘焙的 基本工具

拿捏了烘焙技巧，選取了相應的材料，也需要配備恰當的烘焙工具，能讓製作點心更順心順意。以下介紹製作中西式點心的基本工具，配備妥當，已成功了一半。

量匙

小分量的秤量工具，備有不同的容量，適合用於秤量鹽、糖、泡打粉、酵母等顆粒材料，或香草精、酒類等液體時使用。

量杯

應用於秤量液體，有時也可作為打發小分量奶油的盛器，有塑料或強化玻璃選擇。

刮板

可選擇塑料或不鏽鋼材質，可用於切拌混合、切割整形、分割小份、抹平麵糊等。

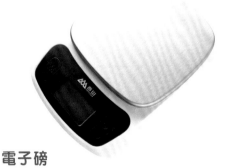

電子磅

烘焙不可或缺的小工具，作為秤量材料之用，可購買精準度達到 1 克，甚至 0.5 克的電子磅較佳。

毛刷

適用於在麵糰表面刷水、刷蛋液，建議購買細毛或纖維材質，效果更細緻。硅膠材質雖便於清潔，但其線條較粗，容易在麵糰留下一道道刷痕。

橡皮刮刀

翻拌、混合、刮盤時使用，
建議選擇耐高溫、彈性高的材
質，一體成型更佳，便於清洗。

電動打蛋器

製作蛋糕、曲奇類食品經常使用，
也可以打發牛油、雞蛋等，增加打
發效率，減省攪打的時間。

打蛋器

不是所有步驟都需要使用電動打蛋
器，在攪拌麵糊、混合材料、乳化融
合等製作步驟時，通常會使用手動打
蛋器。

擠花袋

可購買一次性或可反覆使用
的，可用於擠蛋糕麵糊、裝
飾忌廉或曲奇擠花等。

網狀隔篩

很多粉類材料需要過篩方能
使用，以免粉類結塊，也可
隔篩其中的雜質。網目的大
小決定過篩的細緻程度，款
式上分為帶手柄及不帶手柄
的，按自己的操作習慣選購。

打蛋盤 / 揉麵盤

有大小尺寸之分，推薦不鏽鋼器
具，比較耐用耐摔，也可選擇強化
玻璃材質的器具，有一定深度的容
器較好。

麵棒

擀壓麵糰時必備，有不同粗細、長短、材質等
選擇，若不製作特殊款式烘焙品，一般購買從
頭到尾粗細均等的即可。

廚師機

手揉麵糰有其樂趣，尤其對於新手
來說，可感受麵糰的不同狀態；但
廚師機馬力足、效率高，更為省時
省力地幫助揉搓麵糰，例如麵包製
作頻率較高的朋友，配備一台性能
良好的廚師機是很有必要的。

烤盤

除了焗爐自帶的烤
盤外，可自行購買
適合自家焗爐尺寸
的優質烤盤，以方
便持續多次烘烤，
或需要製作特別尺
寸的麵包和蛋糕時
使用。

冷卻架

不論是蛋糕、麵包或餅乾，出
爐後大多數需要盡快移離
烤盤進行冷卻，讓底部
熱氣得以疏散，以
免因熱氣積壓而
形成水蒸氣，
購置冷卻架是
很必要的。

烘焙墊

以免食材與烤盤直接接觸，具備防
沾功能之餘，烤盤也便於清潔。根
據所需製作的烘焙品選購適合的一
次性烘焙墊紙，也可選購多次使用
的硅膠烘焙網格墊或烘焙油布。

焗爐

焗爐的品牌眾多，其容量及功能的差異較大，
如擺放空間許可的話，建議大家購買容量大一
點、品質好一點的焗爐，熱穿透力佳，恆溫性
能好，對於製作的成功率及成品的賣相程度也
會有幫助。

Chapter 1
創意造型
饅頭

卡哇伊！
看着可愛造型，
心被俘虜，
親手搓捏塑形的小可愛，
忍不住送入口唷！

饅頭製作及造型技巧

我接觸製作饅頭，全因為家中小寶寶的成長需要。那是發生在特殊時期的事，小寶寶漸漸長大，除了喝奶之外，需要添加固體食物，那時不便隨意外出購買食物，也擔心附有各種不健康的食品添加，於是我立下心親自給寶寶做。

饅頭看似還蠻簡單的，我本以為很快就能成功，但實際上操作起來才發現各種各樣的困惑無法解開，在經歷數次失敗後，我減少每次的製作分量，除了減少浪費，也更便於熟悉手感。此外，為了保證各項操作條件（如揉搓狀態、環境溫度及發酵時間等）更為接近，從而更精準地總結失敗的原因，基本上我是每天或隔天就練習一次，持續大概一年時間。那段時間的確很瘋狂，每次以 100 克麵粉為基準操作，漸漸地摸透一點點門路，饅頭的成功率得到逐步提高。

在多次成功製作基礎饅頭（包括圓形饅頭和刀切饅頭）後，開始嘗試各式各樣的造型饅頭，從簡單的花朵造型和瓜果造型開始，然後到複雜的卡通造型等。其實，在之後的製作中也非百分百成功，仍有偶爾翻車的情況，饅頭的魅力之處也許就在此吧！開鍋之前萬分期待，出鍋之後萬分驚喜或驚嚇，屢戰屢敗，又屢敗屢戰，你終將會收獲最獨特的那份香甜和柔軟。

饅頭基礎配方

材料

- 麵粉 100 克
- 酵母粉約 0.7-1 克
- 砂糖 10 克（我習慣添加約 8%-10% 分量的糖，糖量可自行減少或增加）
- 水約 50 克（根據麵粉吸水性酌情加減）

此外，可添加以下選項，酌量添加或選擇不添加，不會影響饅頭本身的成敗：鹽（令饅頭更有筋度及嚼勁）；豬油少許（令饅頭更白滑）；食用鹼（少量添加可增加鬆軟度）。

在家製作饅頭 10 問

Q1 揉麵需要哪些技巧？

饅頭麵糰由於較麵包麵糰結實，可以使用的搓揉手法有以下幾款：

1. 利用手掌根不斷按壓麵糰再折疊；
2. 用類似洗衣服的手法搓揉；
3. 使用擀麵棍或壓麵機，反覆擀平、再折疊、再擀平的方式；
4. 摔打麵糰。

想知道自己的麵糰有否做好，只要觀察麵糰是否已揉至光滑，無裂面不粗糙，質感像泥膠，潤滑且不黏手，切開麵糰觀察中間切面無明顯氣孔，就代表搓揉好了。

⇧ 以手掌根反覆搓揉麵糰。　　　　　　　　　⇧ 搓揉至光滑的麵糰。

Q2 麵糰需要發酵多少次？發酵的時間如何？

饅頭包子可以做一次發酵，也可以做二次發酵。一次發酵的好處是製作時間短，造型保持比較好。二次發酵的包子則比較鬆軟。我一般只做一次發酵（尤其是造型饅頭，一次發酵可以更好地保持造型）；如製作包子的話，我有時會做二次發酵，具體的就要看各位的喜好和時間來決定了。

若選擇一次發酵，發酵過程應在造型做好之後進行，而判斷發酵是否成功，標準在於麵糰有否明顯膨脹，體積大概是原來的1.5-2 倍，但由於光靠肉眼有時判斷不準確，所以我會用按壓的方式判斷。

將手指輕按麵糰表面，按下去有指印及較快回彈的，代表發酵即將完成；如按壓下去緩慢回彈則表示發酵已經完成；若按壓不回

彈代表發酵過度。此外，將整個發酵好的麵糰拿上手，可感覺到**麵糰較發酵前有充氣感輕盈**，沒有沉甸甸的感覺，這也是其中一個判定標準。

很多人會問，發酵時間到底多少？大家需要理解，發酵時間跟環境溫度緊緊相扣，室溫 20℃ 跟 30℃ 的發酵時間可以相差很遠，**不要規限固定一個發酵時間，必須學會觀察狀態**！冬天、夏天、室溫、空調房間、暖水鍋及焗爐等等，故環境溫度是變量，哪怕是同一個城市，在不同的室內環境其溫度也不一樣；所以千萬別只抓着發酵時間，而忽略最重要的狀態！如果是較固定的製作地點，大家可多記錄製作成功的發酵溫度與時間，以便日後可以作為判斷的參考。

Q3 如何掌握饅頭的蒸製方法及時間？

發酵狀態與蒸製方法是互相關聯，以下來細說一下。

方法一：輕壓饅頭可較快回彈的，代表發酵尚欠一點，此時可選擇等待發酵完全再蒸，或採用冷水入鍋蒸製的方式，在水燒開的過程，留給麵糰繼續發酵的時間，待水燒開的時候發酵就完成了。
方法二：輕壓饅頭慢速回彈，代表發酵已經完成，需要馬上放入大熱水蒸製，因為不能再給饅頭繼續發酵，否則就會過度發酵了。

饅頭一般需要蒸 10-12 分鐘（水蒸氣升起始計算時間），關火，再待 3 分鐘即可出鍋，等待數分鐘才拿出來，目的是為了減少內外溫度差距；如擔心內外冷熱交替太厲害，可待數分鐘後，將鍋蓋慢慢移動一點以散走熱氣，方才打開鍋蓋。

Q4 蒸籠與蒸鍋有何區別？

你可選擇蒸籠或蒸鍋來蒸製饅頭，如使用蒸籠，成品自會帶竹子的清香味，而蒸籠本身的透氣性也較好，可吸收蒸製過程的水蒸氣，有效防止頂部倒汗水滴落。

若使用金屬蒸鍋的話，容器內的溫度比較高，建議使用中火蒸製，而非大火。蒸好後在鍋內待數分鐘再打開鍋蓋。只要麵糰塑形做到位，本身的品質上是沒問題的，無論是竹蒸籠或金屬蒸鍋，都可以蒸出漂亮的包子來。

Q5 如何控制蒸製的火力？

不同設備的火力，在使用上也有所不同。

煤氣爐：只蒸一層饅頭，可使用中小火；如蒸製二至三層，建議用中火。

電磁爐：蒸製一至兩層選用中火；蒸三層饅頭則需用中大火。

家裏不像外面包子店，需要一次蒸製大量饅頭，家庭一般不會蒸製超過三層；如使用大火蒸饅頭，饅頭的膨脹速度太快，蒸熟後因熱脹冷縮的關係，饅頭會出現起皺甚至塌陷的情況。

Q6 倒汗水會令饅頭塌陷嗎？

有師傅說，倒汗水不是洪水，不至於沖毀麵糰表面。以我的經驗，有倒汗水的話，一鍋內可能有一至兩個饅頭，其表面有較濕潤的斑點，至於其他皺皮、下塌、坑坑窪窪等嚴重情況，真的與倒汗水沒有多大關係，我建議大家多關注及掌握搓揉麵糰和發酵的步驟操作。如家裏沒有蒸籠又實在擔心金屬鍋蓋出現倒汗水的問題，可以在鍋蓋包一層紗布，這樣即能排除心中的疑惑，到底是否倒汗水影響饅頭的品質。

Q7 添加色粉有何技巧？

如想製作有顏色饅頭，我習慣揉好原色麵糰後，再分成小糰加進果蔬粉。有些朋友說色粉很難揉進去。是的，果蔬粉的糅合需要一定時間，或可能你的麵糰分量大，又或可能搓揉時間不足，也會導致顏色出現不均勻的情況。如擔心麵糰顏色揉不好，可以在揉和麵糰時加添色粉，如製作多種顏色的話，則需要分盤各自製作搓揉。以上介紹的方法都可以，我自己比較懶惰，先揉好麵糰後才加色粉；如加入的果蔬粉較多，麵糰變乾了需適當添加水分調整麵糰的乾濕度。

⇧ 將色粉與揉好的麵糰搓勻。

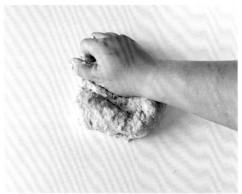

⇧ 直接將色粉與其他材料和麵，搓至色澤均勻。

Q8 為甚麼麵糰發黃？

麵糰揉得愈好，做出來的成品愈發白滑。我建議大家先以小分量麵粉測試手感（每次 100-200 克麵粉），這樣子會較好揉，只有揉好了麵糰，你才能感覺到最佳的手感，方能得出最滿意的成品。若麵糰太大揉得不好，自然成色不夠漂亮。另外，成品的顏色跟麵粉本身也有關係，有些麵粉本身偏黃一點，成品顏色也會相對暗沉些，這都是正常現象。

Q9 為甚麼麵糰表面出現大孔洞、坑坑窪窪、死麵及皺皮等？

這些基本都與揉麵排氣相關，因為麵糰沒有揉透會容易出現以下各種狀況：

1. **大孔洞**：排氣不完全。
2. **表面有凹陷點**：排氣不完全或水滴影響。
3. **死麵**：揉麵跟發酵均沒到位。
4. **整個包子皺皮（回縮厲害、有皺褶）**：揉麵、發酵及配比不對等都有可能造成此情況，但最大機率是虛蒸時間不足，也就是說快速打開鍋蓋致冷熱溫差，而發生馬上回縮的情況。

Q10 為何饅頭黏着牙，而且鬆軟綿密不足？

發酵時間不足、火候太小、蒸製時間過短令麵糰沒熟透、水分過多麵糰太軟等原因，都有機會造成成品的口感扎實及發黏，下次根據自身的情況適當調整就可以了。

饅頭製作是揉麵及發酵的結合體，兩者互相關聯，需要互相配合，做好了揉麵但發酵狀態沒掌握好，成品就會不漂亮，反之亦然。還沒成功的朋友也不要放棄，一、兩次失敗真的不代表甚麼，我也失敗了最少十多二十次才開始有點眉目，手感是需要時間去摸索，而經驗也需要實戰去積累。

請聽聽我的勸告，**每次揉麵糰的分量不要太多**，每次以100-200 克麵粉已足夠，掌握了狀態後再加量。分量少一點，快速消耗完就可加快進行下一次的練習，何樂而不為呢？

水果類
西瓜饅頭

吃西瓜嗎？不甜、不多汁、不起沙，哈哈哈……
西瓜造型的食物，每每看到就有一股很清涼的感覺。

材料
可做 8 小塊

- 中筋麵粉 200 克
- 水約 100 克
- 酵母 2 克
- 砂糖 15 克
- 紅麴粉 2 克
- 抹茶粉 1 克
- 黑芝麻少量（裝飾用）

做法

❶ 中筋麵粉、酵母、砂糖及水混合，揉成光滑麵糰，總量約 310 克；紅麴粉和抹茶粉待用。

❷ 麵糰切出以下三份重量的麵糰，分別是 50 克（白色）、70 克（綠色）及 190 克（紅色）。圖 1

❸ 將 190 克麵糰加入紅麴粉搓揉至光滑；將 70 克麵糰加入抹茶粉搓揉至光滑。圖 2~3

❹ 將三種顏色麵糰平均分成兩等份。圖 4

❺ 製作紅色麵糰：麵糰排氣，揉圓，擀成圓餅（直徑約 10-12cm），另一等份做法相同。圖 5~6

❻ 製作綠色及白色麵糰：綠色麵糰和白色麵糰分別搓成長條狀，長度以能夠圍繞一圈為準則。圖 7

10   **11**   **12**

❼ 紅色圓麵片邊沿抹一點水，放白色
麵條黏合外圍，再拼合綠色麵條。
圖 8~9

❽ 把麵片平均分成四等份，製成四片
西瓜。另一等份做法相同。圖 10

❾ 在紅色麵糰表面掃上少許水，撒上
黑芝麻當西瓜籽，放於溫暖處至發
酵完成。圖 11~12

❿ 燒滾水，放入麵糰蒸 10 分鐘，熄火，
待約 3 分鐘即可取出。圖 13

13

製作小技巧

🔹 製作西瓜饅頭的技巧並不複雜，很適合親
子一起製作，屬於簡單級別的造型饅頭，
可以作為入門級訓練手感，嘗試看看吧！

🔹 在黏合白色和綠色麵條時，麵條不要拉得
太緊，只需鬆鬆地圍繞即可，待麵糰發酵
時才能有位置膨脹。

🔹 麵糰不切分就成為一塊大西瓜，或切分一
半做成半個西瓜，也可切分成四份成西瓜
小塊，隨喜好便可。

士多啤梨造型的所有事物都是
粉粉嫩嫩的，特別惹人喜愛，
做成饅頭很受女孩子歡迎。我
家兩個小可愛很鍾情這款饅
頭，只需在圓形饅頭基礎稍加
裝飾，一籠胖胖的士多啤梨饅
頭就做好，造型特別且簡單。

水果類

士多啤梨饅頭

材料
可做8個

- 中筋麵粉 200 克
- 砂糖 15 克
- 酵母 2 克
- 水約 100 克
- 抹茶粉、火龍果粉各適量

做法

❶ 將材料混合（抹茶粉及火龍果粉除外），揉成光滑的原色麵糰。

❷ 取 280 克原色麵糰，加入火龍果粉約 1-2 克（或少量食用色素），揉成粉紅色麵糰備用。圖 1

❸ 取 5 克原色麵糰，加入少量抹茶粉或食用色素，揉成綠色麵糰，餘下少量原色麵糰，三色麵糰就做好了。圖 2

❹ 粉色麵糰切成每個約 35 克，逐個麵糰排氣滾圓。圖 3

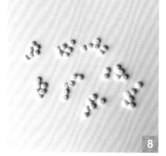

⑤ 用手輕輕壓住麵糰末端部分，前後搓幾下形成水滴狀，如此類推，放一旁備用。圖 4-5

⑥ 綠色麵糰擀成薄麵片，利用印花工具印出一朵小菊花當果蒂。圖 6-7

⑦ 原色麵糰擀成薄麵片，用圓形印模印出一個個小點，每 6 個為一組。圖 8

⑧ 用毛掃在粉色麵糰輕掃少許水，隨後將果蒂和果籽麵糰黏合在粉色麵糰上。圖 9

⑨ 放於溫暖處進行發酵，完成後，在水煮滾後開始計時，放入饅頭麵糰蒸約 10 分鐘，加蓋待 3 分鐘後即可出鍋。圖 10

製作小技巧

🔵 裝飾用的果蒂和果籽麵糰，個體建議做小一點，尤其是果籽，會更顯精緻感。

🔵 如表面裝飾或配件愈多的饅頭，需要多留意主體部分的發酵狀態，以免因製作配件費時，而導致主體部分發酵不當造成失敗。

送你一籃向日葵，哪怕外面是下雨天，願你心中有太陽！

在花朵饅頭系列，我最愛的就是這款向日葵饅頭，飽滿的造型、明亮的顏色，給人滿滿的希望，是生機勃勃的夏日感。希望你喜歡這款朝氣滿滿的花朵饅頭。

花朵類

向日葵饅頭

材料
可做6個

- 中筋麵粉 200 克
- 南瓜粉 10 克
- 酵母 2 克
- 水約 100-105 克
- 可可粉 3 克

做法

① 全部材料混合（可可粉除外），揉成光滑的麵糰。圖 1-2
② 取其中 50 克麵糰，混合可可粉揉成咖啡色麵糰。圖 3

❸ 黃色麵糰與咖啡色麵糰各分成六等份,每個小糰排氣及揉圓,備用。圖 4

❹ 將黃色麵糰略壓扁成大圓餅,厚度約 0.8cm(不能太薄)。圖 5

❺ 咖啡色麵糰略壓扁成圓餅(比黃色麵糰略小),用梳子在咖啡色麵片印出斜紋格子。圖 6-7

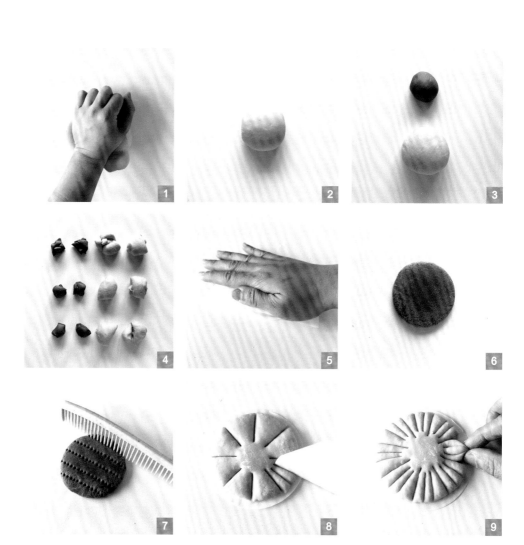

❻ 將黃色麵糰切分成八等份，再把每等份切出三等份，每三小格為一組，在開口處捏緊，將所有小等份捏好。圖 8-9

❼ 黃色麵片中央掃少許水，放上咖啡色麵片貼合中央處，置於溫暖處完成發酵；待水滾後計，蒸 10 分鐘，加蓋待 3 分鐘即可。圖 10

10

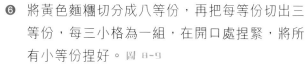

製作小技巧

🔹 向日葵饅頭是由兩個部分組成，兩者都是主體，需要蓬蓬的質感，故製作時需合理安排兩者的操作時間，以免一個發酵完全另一個還沒發酵到位。

🔹 每一片花瓣的尖端都需要捏緊，防止發酵或蒸製時爆開。

 花朵類

雙色花饅頭

花朵饅頭不單只有玫瑰,類似的做法還可以做成這種花朵,是否更有立體感?製作這紮花束送給摯愛,挺浪漫!

材料 可做7朵

- 中筋麵粉 200 克
- 水約 100 克
- 砂糖 15 克
- 酵母 2 克
- 紫薯粉 2 克

做法

① 所有材料混合（紫薯粉除外），揉成光滑的麵糰，分成兩等份，取其中一份加入紫薯粉揉成紫色麵糰。圖 1

② 兩份麵糰分別擀成大麵片，厚度約 4-5mm。用圓形印模按壓圓片，可選擇一大一小兩個尺寸圓模切分。圖 2

③ 將切好的原色大圓麵片放底，放上紫色小圓麵片，讓兩塊麵片黏合，稍微擀大一圈，一分為四。圖 3-5

④ 每 6-10 個小份為一組，尖角朝同一方向，依次半重疊地排列好（如圖是 8 小份），用乾淨的梳子在兩側按壓紋路。圖 6-7

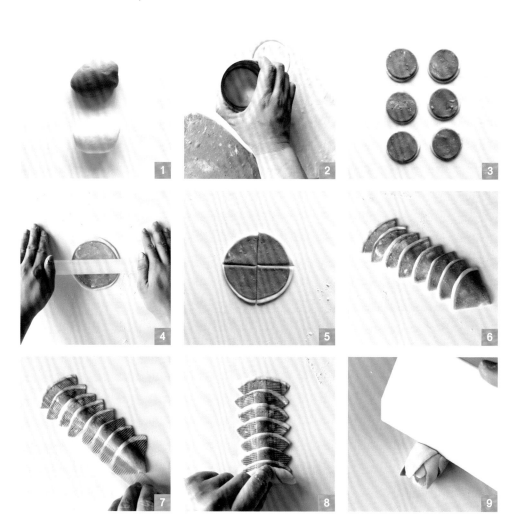

⑤ 從尖角一端開始捲起，捲好後在中間切開做成兩朵花，用手稍微整理花瓣。圖 9-10

⑥ 置於溫暖處完全發酵，水滾起蒸 10 分鐘，加蓋待 3 分鐘即可。圖 11

製作小技巧

想製作雙色花饅頭，並顯露兩種顏色出來，在印麵片時必須一大一小，黏合時小號的必須在上方，這樣做好的花朵才能呈現兩種顏色；若兩個麵片大小完全一樣，那只會在花瓣邊沿出現雙色。圖 12

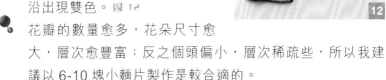

花瓣的數量愈多，花朵尺寸愈大，層次愈豐富；反之個頭偏小，層次稀疏些，所以我建議以 6-10 塊小麵片製作是較合適的。

捲起麵糰切成花朵時，可用刀子或切板，先按着來回滾動幾下再切下去，可更好地保持花朵底部的圓潤造型。

小螃蟹饅頭

偶爾在網上看到一款卡通螃蟹饅頭，一直很想嘗試看看，這次在做完西瓜饅頭後趕緊接着開工，反正紅麴粉準備好了，那就再來揉一份麵糰做起來吧！憑着僅有的記憶，慢慢摸索做出螃蟹樣子，幾隻擺在一起，彷彿馬上要爬走的樣子，可是紅色的螃蟹不是已被煮熟了嗎？

材料

可做 4 至 6 個

- 中筋麵粉 200 克
- 水約 100 克
- 酵母 2 克
- 砂糖 15 克
- 紅麴粉 5 克
- 食用竹炭粉少量

做法

① 所有材料混合（紅麴粉及食用竹炭粉除外），揉成光滑的麵糰。切出 30 克原色麵糰，其餘的混合紅麴粉揉成紅色麵糰。

② 紅色麵糰平均分成 4 等份，每份約 70 克（多點少點沒關係），排氣，揉成圓球。圖 1

③ 將紅色麵糰 1/3 部分切下，餘下 2/3 是螃蟹身體部分，切口向上，圓底往下排在蒸籠紙上，如此類推做好。圖 2

④ 取兩份 1/3 麵糰做成螃蟹鉗子，一份可切出 4 小份，兩份則可切成 8 小份。圖 3

⑤ 將 8 小份小麵糰揉成小球，用剪刀在中間剪出半徑的長度，鉗子就做好了，擺放在身體頂部兩側。圖 4-5

❻ 餘下兩份 1/3 紅色麵糰，先分成 4 小份，搓成長條後，切成 8 小段作為蟹腳。圖 6-7

❼ 在原色麵糰上，用圓形印模印出 8 個大圓餅，放在鉗子中間，做成螃蟹眼白部分。圖 8-9

❽ 餘下的原色麵糰混合食用竹炭粉，揉成黑色麵糰，擀成麵片，印出小一點的黑色麵片，貼合在螃蟹眼白部分。圖 10-11

❾ 將整合的螃蟹放進蒸籠，就可以發酵了。圖 12

❿ 發酵完成，水滾後蒸 12-15 分鐘，加蓋待 3 分鐘即成。

製作小技巧

• 這次做的螃蟹個頭較大，是大螃蟹了；如想做小螃蟹，可考慮將紅色麵糰分成 6 小份製作。

• 在切割 1/3 身體部分時，盡量在相同的位置切分，以確保每隻螃蟹的身體形狀大致相同。

• 在切分蟹腳時，毋須很執着一定要分得很平均，哪怕切出來有長有短，也可以安排長一點的麵糰放在第一或第二位置，短一點的靠後放置即可。

小蜜蜂造型饅頭是我當初自學時，就勇氣滿滿挑戰的款式，很幸運地被我一次 KO，當時是專門為未到一歲的寶寶而製作，能成功做出來別提有多高興了！回想當時，可能因為剛學會造型饅頭的關係，在配件製作上由於不熟練而花費了很多時間，導致主體部分有點過度發酵，所幸整體造型仍維持，小寶寶握着饅頭啃呀啃的模樣，身為媽媽的我看着她高興吃包子的幸福感，此時此刻仍然記在心上，這款饅頭對我來說，別具紀念價值！

嗡嗡小蜜蜂饅頭

動物類

材料

可做 8 個

- 中筋麵粉 200 克
- 南瓜粉 15 克
- 水約 105 克
- 砂糖 15 克
- 酵母 2 克
- 食用竹炭粉或黑色食用色素適量

做法

❶ 將 95 克水及其餘材料混合（南瓜粉及食用竹炭粉除外），揉成光滑麵糰（後期揉合南瓜粉時再適當添加水分）。

❷ 取原色麵糰 280 克，添加南瓜粉揉成黃色麵糰，或需適當添加水量調整。圖 1-2

❸ 黃色麵糰分成每個約 35 克，每份小麵糰排氣、揉圓，搓成橢圓形，如此類推做好。圖 3-5

④ 餘下的原色麵糰分成兩份，一份約 20 克，另一份約 30 克。在 30 克麵糰添加適量食用竹炭粉或黑色色素，揉成黑色麵糰。

⑤ 將黑色麵糰擀成麵片，盡量擀成長方形，長度不限，寬度需能覆蓋小蜜蜂身體為佳。圖 5

⑥ 用刀子或刮板切出約 0.6-0.8cm 寬的斑紋，每隻小蜜蜂用上 3 條黑色斑紋，每 3 條為一組備用。圖 7

⑦ 在蜜蜂主體掃一點水，將黑色斑紋黏合。圖 8

⑧ 原色麵糰 20 克擀成麵片，用圓形壓模印出小圓片，用手指將圓片其中一端捏成尖尖的，兩片為一組當成小翅膀，掃上水黏在身體上。圖 9-11

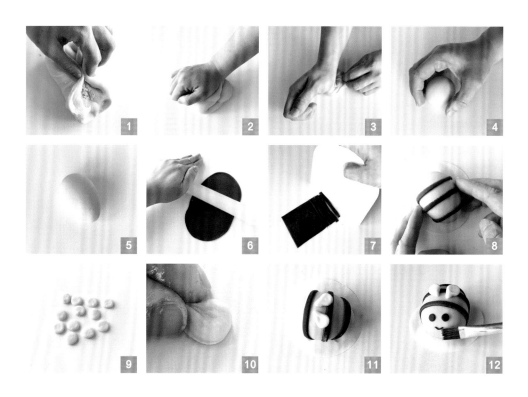

1	2	3	4
5	6	7	8
9	10	11	12

⑨ 餘下的黑色麵糰擀成麵片，印出小眼睛，黏到黃色麵糰上，餘下的黑色麵糰可以搓成小細條做嘴巴（沒有嘴巴也是萌萌的）。圖 12

⑩ 放於溫暖處進行發酵；發酵完成，水滾後蒸約 10 分鐘，加蓋待 3 分鐘，取出即可。圖 13

13

製作小技巧

可用南瓜泥替換南瓜粉和水進行揉麵（我曾嘗試以 150 克南瓜泥代替）。需提醒大家，不同品種的南瓜含水量差別較大，如使用南瓜泥製作，不要一次過全部南瓜泥加進去揉麵，以免過濕影響麵糰狀態，或許你使用的南瓜泥比 150 克更多或更少，這都是正常的，需要視乎麵糰狀態酌情增減分量。

如使用南瓜粉，水量需要調整，但毋須使用配方的全部水量，要酌情增減。

建議黑色麵片薄一點，白色麵片厚一點，這樣出來的效果比較好，因為翅膀需要鼓鼓的才可愛！

刈包，又名割包，原型起源於福建的虎咬豬，常見的是在蒸熟的麵餅中間夾入炕肉、酸菜及其他餡料。如今，刈包除了原型以外，還可變化出各式動物、貝殼或卡通等造型，增加視覺享受之餘，餡料也豐富不少，無論是造型、食用方法及食材使用，都如中式漢堡包！

我喜歡給孩子們做刈包，他們喜歡自行添加餡料夾着吃，有時是煎蛋，有時是肉塊，也可能是零食，甚至糖果、朱古力等都試過，創意無限，變化出無限可能。

動物類

小豬刈包

材料 可做6個

- 中筋麵粉 200 克
- 水約 100 克
- 酵母 2 克
- 糖 15 克
- 紅麴粉或食用色素 2 克
- 食用竹炭粉或食用色素適量

做法

❶ 所有材料混合（紅麴粉及食用竹炭粉除外），揉成光滑的麵糰。

❷ 在原色麵糰切分出 30 克和 10 克麵糰備用。

❸ 原色麵糰 30 克與紅麴粉 1 克揉成深紅色麵糰。取原色麵糰 10 克與食用竹炭粉揉成黑色麵糰。餘下原色麵糰與 1 克紅麴粉混合成粉色麵糰。圖 1

❹ 粉色麵糰分割成 6 小份，每個小份排氣、揉圓。圖 2

❺ 麵糰拍扁，用擀麵棍擀成橢圓形。圖 3

❻ 將麵片翻面，掃上一層薄薄的食用油，對摺成半圓形，小豬的主體做好。圖 4-5

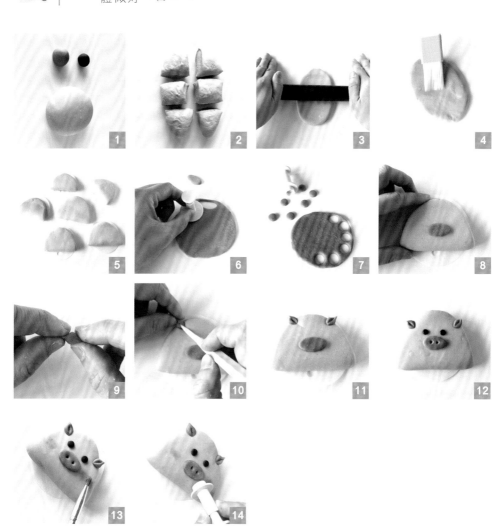

⑦ 深紅色麵糰擀平，分別用小圓和橢圓印模印出圖樣，每隻小豬需要 2 個小圓片和 1 個橢圓片。圖 6-7

⑧ 橢圓形麵片是小豬的鼻子，在主體中央掃上水，黏上鼻子，並在麵片扎兩個孔作為鼻孔。圖 8

⑨ 用手指把深紅小圓片兩端捏成尖尖的，做成小豬耳朵，用竹籤或小工具將耳朵按入主體頂部兩側。圖 9-11

⑩ 黑色麵糰擀成薄麵片，用小圓模印出黑色眼睛，每隻小豬 2 隻小眼睛，最後黏合眼睛即可。圖 12

⑪ 可額外增添以下表情造型：
在臉頰處掃上少許紅麴粉；
利用印模壓出微笑的嘴巴，
令小豬更生動。圖 13-14

⑫ 置於溫暖處完成發酵；水滾後蒸約 12 分鐘，加蓋待 3 分鐘，即可取出。圖 15

製作小技巧

刈包蒸好後，因要在中間切開夾進餡料，故必須在麵片掃上薄油（見圖 4），有效防止兩塊麵片完全黏合一起，掃水不行，不能用錯。

這次我做的是大小豬一家人的造型，故每份主體麵糰都是隨手切割，沒有具體秤量，出來的效果也挺可愛！

動物類
熊貓饅頭

一群早出晚歸、睡眠不足的打工仔……看着快要掉到肚臍眼的黑眼圈，簡直像極鏡子中的自己！

我喜歡做熊貓饅頭，因為是在基礎饅頭變化而來，也不用調很多顏色，比較容易掌握，而且熊貓夠呆萌，那懶懶的樣子誰不喜歡呢？

材料

可做 8 個

- 中筋麵粉 200 克
- 水約 100 克
- 酵母 2 克
- 糖 15 克
- 食用竹炭粉少許

做法

❶ 所有材料（食用竹炭粉除外）揉成光滑麵糰，切分出 280 克備用。

❷ 其餘原色麵糰與食用竹炭粉揉成黑色麵糰。

❸ 原色麵糰 280 克切成 8 等份，每個麵糰排氣、揉圓，放在一旁發酵。圖 1

❹ 製作熊貓表情，黑色麵片擀成 3mm 厚麵片，用橢圓印模印出熊貓黑眼圈，需要 16 片。圖 2

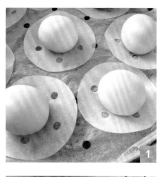

⑤ 接着在每個橢圓形的中部往上一點的位置，用小圓模印出小圓點（留作熊貓的鼻子），讓橢圓形有漏空的位置，黏合到原色主體上。圖 3-5

⑥ 再用圓形模印出 8 個圓形麵片，對半切開，黏到原色主體頂部兩側，成為熊貓耳朵。圖 6

⑦ 待所有麵糰完成後，放於溫暖處發酵。水滾後蒸約 10 分鐘，加蓋待 3 分鐘，取出。圖 7

7

製作小技巧

● 熊貓做得呆萌可愛，關鍵是表情的比例，熊貓本身就是身軀很大，五官很小的，故耳朵、鼻子、眼睛漏空的部分都應該是小小的才對，做大了就沒那麼可愛了。

● 熊貓造型本就是在圓形饅頭基礎上，稍作表情添加做成，所以基礎圓饅頭是成敗的關鍵，必須好好練習哦！

動物類
小海豹饅頭

有成群海豹出沒，請注意小心別被萌翻哦！

同樣在基礎饅頭上變化而來，相對於熊貓饅頭，海豹要多調藍色，並要預留麵糰做成海豹雙手，稍微複雜一點點，熊貓饅頭挑戰完成後，就試試這款吧！

材料
可做8個

- 中筋麵粉 200 克
- 水約 100 克
- 酵母 2 克
- 糖 15 克
- 藍色食用色素 1 滴
- 食用竹炭粉少許

創意造型饅頭

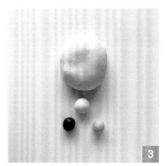

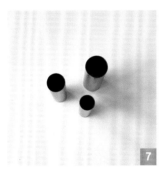

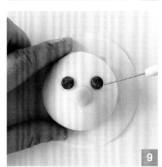

做法

❶ 所有材料混和（藍色食用色素及食用竹炭粉除外），揉成光滑麵糰，切分出 280 克備用。圖 1-2

❷ 其餘麵糰分成 3 等份，一份保留原色；一份加入藍色食用色素調成淺藍色麵糰；另一份加入食用竹炭粉調成黑色麵糰。圖 3

❸ 原色大麵糰分成 8 等份，每個麵糰排氣、揉圓，放一旁發酵。圖 4-6

❹ 準備大、中、小三個尺寸的圓形壓模。圖 7

❺ 淺藍色麵糰擀成 3mm 麵片，用最大號印模印出 8 個大圓片作鼻子，在主體掃上水後黏合。圖 8

❻ 黑色麵糰擀成 3mm 麵片，用最小號印模印出 16 片黑色小圓片，作為眼睛，黏合主體上。圖 9

❼ 最後原色麵糰擀成約 6mm 麵片，用中號印模印出 16 個中圓片，作為海豹手，黏合。圖 10

❽ 配件黏合完成後，放於溫暖處發酵；水滾後蒸約 10 分鐘，加蓋待 3 分鐘，即可取出。

❾ 待饅頭冷卻後，用食用色素筆畫出表情，小海豹就更可愛了。圖 11~12

製作小技巧

● 如沒有藍色食用色素，可將鼻子做成原色。

● 鼻子及眼睛的麵片需要薄一點；小手的麵糰要稍厚一些。

● 如不使用食用色素筆添加表情的話，可利用剩餘的黑色麵糰搓成細線條，黏合後蒸製也可，這樣的做工比較細緻，難度比用筆畫上去要大。

Chapter 2
暖心家常
麵包

搓揉輕軟的麵糰……
每個步驟是麵包匠人
付出的愛心及誠意，
無論那款口味，
都是幸福，
都是獨一無二的！

麵包製作及揉麵技巧

麵包作為日常食用率最高的食物品種之一，可作為主食，也可作點心，既能裹腹，且能嘗試無窮的口味變化。我也是麵包愛好者，從小非常愛吃麵包，對麵包最美好的記憶，是小時候有一段時間是我跟媽媽倆吃飯，爸爸因要加班或應酬需要晚歸，很多時候他歸家時都會帶着一袋子麵包回來，放在桌上的麵包袋散發出誘人的香氣，吸引着年紀小小的我，聞了又聞也捨不得睡覺，帶着期待的心情等待翌日早餐到來。那時候的我，最喜歡就是白麵包，抹上喜歡的煉奶或果醬，每一口都是幸福的味道。

自從開始製作麵包，才發現麵包不僅好吃，更是很好玩！軟軟的麵糰在手中轉動，那細膩柔潤的觸感，能撫平內心一切的焦躁，讓人變得平靜下來。製作麵包那種療癒感，只有親歷過才會懂吧！

關於麵包的食譜，無論是書籍或網絡上都有無數參考，有時候會看得我眼花繚亂，有時候也會因為其中個別材料缺失而無從動手。在嘗試過很多很多食譜以後，我發現有某幾個食譜是我家必做清單上的常客，因其用料簡單、製作方便、質感和味道都在我的喜好點上，今天我就將這些食譜歸類於本書中，希望我的麵包日常，也符合你的日常。

揉製麵包的重要步驟

製作麵包的過程比較長，想做出好吃的麵包，從打麵、鬆弛、整形、發酵到烘烤，每一步都互相關聯，環環相扣，以下就幾個比較重要的步驟展開說明，如何能夠在家做好麵包吧！

準確秤量材料

製作麵包的材料要多的話可以很多，要少的話也可以很少，為了避免出現忘記放鹽、忘了放酵母這些情況發生，動手前將所有材料秤量好，放在目之所及的位置是比較妥當的做法，也可避免製作時手忙腳亂。

配方材料增替原則

平日被問及最多的問題首三位必有 —— XXX 可以替換嗎？XXX 可以減少嗎？諸如此類的問題，凡需要更改配方的部分材料配比或直接替換其他材料，**你必須清楚該材料於配方的作用**，例如不同的糖對於酵母是有不一樣的作用；不同的糖甜度也有別，對麵糰的乾濕度也有一定影響。其次，不同材料的密度是不同，比如牛奶和水不能一比一替換，其他乳酪、鮮忌廉等的密度就更高了，若貿然等量替換，破壞了配方本身的平衡，就會導致製作失敗。

⇧ 了解各材料在製作麵包時產生的作用，才決定能否替換。

⇧ 乳酪及鮮忌廉所含的密度很高，不能跟水及牛奶等量互換。

揉麵的成敗關鍵

揉搓麵糰有很多不同的方法 —— 人工手揉、麵包機、廚師機或打麵機等，麵包好吃與否，與揉麵狀態關係密切；另外麵糰的狀態也受制於環境溫度、濕度、揉麵時間等影響，不同的揉麵方式對於時間和溫度的把控也不盡相同。

人工手揉：可以用雙手感受麵糰的狀態變化，享受全過程的樂趣，我認為是新手必經體驗之路，只有親手跟麵糰來接觸，用心感受它，才能繼續好好地溝通下去。

麵包機、廚師機、打麵機：可代替人工手揉麵糰，而且機器馬力大，揉麵速度較人手快很多，但因馬力強，故揉麵過程必須通過不同方法控制麵糰溫度，例如預先冷藏材料、運用水合法、加冰水攪拌等，才能達至最佳的揉麵效果。

攪拌麵糰的過程大致可經歷以下幾個階段——拾起、捲起、麵筋擴展、完全擴展等階段；若持續揉拌麵糰，可能會繼續經歷揉麵過度和打斷麵筋這兩個階段。完全擴展階段是麵糰最理想的狀態，此時的麵糰表面帶有光澤感，具有良好的延展性，將麵糰撐開來會有一片柔韌、半透明的薄膜，薄膜不易破裂，戳穿會呈現邊沿光滑的破洞。如錯過這個最佳狀態，繼續揉麵的話，麵糰會逐漸變得失去彈性和延伸感，甚至出現麵筋打斷，化成爛泥的感覺。

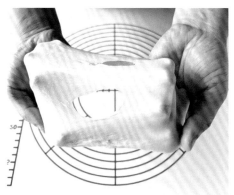

⇧ 這是麵糰最理想的狀態，延展性佳，破洞邊沿呈光滑狀。

麵糰二次發酵

大多數的麵包製作都會經過兩次發酵過程，第一次是在打麵完成後，稱為基礎發酵；第二次是整形完成後，也稱作最終發酵。

基礎發酵：通常採用常溫或搭配發酵箱進行，溫度一般約在 25-30℃，給

給時間讓麵糰膨脹，長大至原來體積的 2-2.5 倍，完成後可進行往下的步驟。

測試發酵是否完成，可利用手指沾些麵粉或水，在麵糰中部戳下一個小洞，如手指下戳的小洞立刻回縮，則代表發酵不足；如小洞下塌，則代表發酵過度；如小洞維持原樣無明顯變化，則代表**發酵完成**。

最終發酵：二次發酵則需要在 35-38℃ 環境下進行，需要放置在溫暖、濕潤且不被風吹的地方，建議使用發酵箱或密封性能較好的焗爐。

判斷最終發酵是否完成，可利用手指輕按麵糰表面可留下明顯指印，若指印以**緩慢的速度恢復**，則表示已經完成最終**發酵程序**；如按壓處失去彈性、整個下塌，則表示發酵過度；反之，按壓處回彈迅速，則表示發酵不足。

⬆ 麵糰發酵完成後，體積會膨脹 2-2.5 倍。

麵糰需要鬆弛

經過搓揉操作的麵糰，在進行下一步驟前，需要經過鬆弛階段，讓緊縮的麵糰得以放鬆，然後再進行塑形，沒有經過鬆弛的麵糰，麵筋收緊，很難擀開或揉捏，強制塑形也不會得到理想的效果，甚至在操作過程中會不斷回縮。

鬆弛麵糰的時候，應該注意用布遮蓋麵糰，保持濕潤，避免吹風。

⬇ 發酵後，麵糰需經過排氣才進行切割步驟。

麵包烘烤小知識

預熱焗爐是烘焙前的必要環節，避免焗爐內部溫度尚未達到理想要求，就將烘焙品送入爐，從而影響烘烤時間，導致麵包不熟或過焦等情況。入爐前，麵糰需要完成表面割線、塗掃蛋液、撒裝飾等步驟，然後才送入爐烘烤。此外，需要注意烤盤內的麵包切勿擺放過密，預留空間讓麵糰膨脹發展，避免因過度擁擠而破壞原本造型。

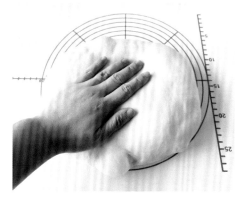

⇧ 指印以緩慢速度恢復，代表最終發酵完成。

其次要說說烘烤的溫度和時間，不同機器之間存在溫度差異，焗爐的內部溫度也受到外在環境溫度而影響，食譜的數據僅供大家參考，首次製作可以先依照書內數據作出嘗試，同時請大家多與自家設備溝通，了解機器的「脾性」，從而抓到最適合自己的烘烤溫度和時間。

冷凍櫃儲存麵包

麵包在烘製完成後,在室溫保存時間約在 2-3 天,若帶餡料的麵包保存期限將縮短至 1-2 天。如需要保存麵包的話,請使用冷凍櫃(冰格)保存,而非冷藏保存,因為 2-10℃是麵包老化速度最快的溫度區間,冷藏櫃正好處於這個溫度內,會加快麵包水分蒸發,讓老化速度加快。

將需要保存的麵包分成每次食用的分量,用密封袋裝好,放入冷凍櫃保存即可,需要食用時取出回溫,調校焗爐至 150℃,在麵包表面噴灑水分,送入焗爐烘烤 3-5 分鐘即可。

此外,我個人也非常喜歡利用電飯煲加熱麵包,將麵包放入電飯煲內膽,按快速加熱鍵後,加熱程序很快完成,但此時的麵包內部可能還未熱透,不開蓋繼續燜在煲內 5-10 分鐘即可取出食用。

漢堡包

想讓小朋友吃一個小餐包，怎樣都不願意，改個造型，
再夾點東西進去，巴不得天天讓你做給他們吃，真是費
解……

自家做的漢堡包怎麼說也比外面的乾淨衛生又實惠，偶
爾會做幾個給家人解解饞，夾一塊鮮嫩多汁的和牛漢堡
扒，咬一口，那叫滿足啊！漢堡包本就是快餐食品，追
求的就是夠快夠簡單，我喜歡用一次發酵法做胚，省事
又方便。

材料

可做 6 個

- 高筋麵粉 250 克
- 酵母 3 克
- 砂糖 30 克
- 水約 105-115 克
- 全蛋液 45 克
- 鹽 2 克
- 無鹽牛油 35 克
- 白芝麻適量

做法

1. 高筋麵粉、酵母、砂糖、水及蛋液混合，揉成光滑麵糰。
2. 加入鹽和無鹽牛油，揉至麵糰完全擴展的狀態；輕按麵糰排氣，分割成 6 等份，滾圓，鬆弛 15 分鐘。圖 1-4
3. 再次輕拍麵糰排氣，二次收圓，放入模具發酵至兩倍大。圖 5-6

1

2

3

4

5

6

④ 在麵糰表面掃上全蛋液（配方外）或水，撒上白芝麻。圖 7

⑤ 焗爐預熱至 180℃，烘烤約 18 分鐘即成。
圖 8

製作小技巧

- 今次使用一次性發酵方法製作，因為馬上使用，毋須存放多日，故一次發酵也可滿足需要。
- 使用二次收圓的方法，能讓麵糰膨脹得更大，成品的形狀更圓渾、更飽滿，尤其是沒有使用漢堡模具的情況下。
- 如果想成品的表面亮亮的，建議掃上全蛋液；如喜歡表面啞光質感，塗抹水即可。

腸仔包

在家做麵包，我會習慣性地使用固定幾個食譜，一方面
是我覺得利用率超高，另一方面比較百搭的配方，其中
一個就是以下介紹的配方，利用乳酪和蜂蜜製作，毋須
額外添加砂糖，麵包質地非常軟乎，口感也清爽輕盈。
我覺得這款麵糰比較通用，可做成腸仔包及小餐包，或
需要加餡料的甜口小麵包都挺合適。

材料
可做6至8個

- 高筋麵粉 300 克
- 濃稠乳酪 80 克（無糖）
- 水約 110 克
- 蜂蜜 25 克
- 鹽 3 克
- 酵母 3 克
- 無鹽牛油 25 克

餡料

- 香腸 6-8 條

塗面料

- 全蛋液適量
- 沙律醬及茄汁各適量
- 葱花少許

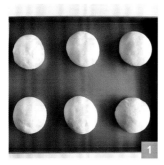

做法

1. 高筋麵粉、乳酪、蜂蜜、酵母及水混合拌成糰，攪打至擴展狀態。
2. 隨後加入鹽和無鹽牛油，揉至完全擴展的狀態。
3. 置於溫暖處進行基礎發酵，至麵糰膨脹至約兩倍大。
4. 將麵糰切分成需要的等份，每等份排氣、揉圓，鬆弛 15 分鐘。圖 1
5. 鬆弛步驟完成後，擀成橢圓形，中間放上香腸，用力按壓香腸。圖 2

4 **5** **6**

❶ 隨後用刮板或雙手，將香腸旁邊麵糰往中間推，讓香腸四周完全被麵糰包圍。圖 3-4

❷ 進行二次發酵；完成後再按一按香腸，在麵糰表面抹上蛋液，表面擠上沙律醬和茄汁，最後撒上葱花。圖 5-7

7

❸ 焗爐預熱至 185℃，烘烤約 16-18 分鐘即可。

製作小技巧

● 建議使用濃稠的乳酪，並且以無糖的最佳，例如希臘乳酪，水分含量較少；如使用稀一點的乳酪，則需在水量上再作調整。

● 成品數量可自行調整，如這個分量可做 10-12 個迷你香腸包，或製作 6-8 個常規尺寸也可。

● 放置香腸的位置很容易受麵糰發酵影響而鼓起，故需要不時按一按香腸，有助香腸貼合底部，不容易掉出來。

鮮奶球是我跟家人都很喜歡的家常麵包，非常簡單易做，那層甜甜的外皮在出爐冷卻後變得脆脆的，是孩子們的最愛，跟吃菠蘿包皮一樣，我家小孩第一時間喜歡將那層脆皮先啃掉，再吃下面的麵包；小時候的我則相反，特別珍惜那層外皮，所以會先吃麵包，留着脆皮慢慢品嘗。

朱古力鮮奶球

麵糰
可做 6 個

- 高筋麵粉 220 克
- 全蛋液 50 克
- 牛奶 80 克
- 糖 20 克
- 酵母 3 克
- 鹽 2 克
- 無鹽牛油 20 克

朱古力擠醬

- 無鹽牛油 40 克
- 糖粉 35 克
- 全蛋液 35 克
- 低筋麵粉 45 克
- 可可粉 5 克

做法

① 高筋麵粉、全蛋液、牛奶、糖及酵母置於大碗混合，揉成光滑的麵糰至擴展狀態。

② 隨後加入鹽和無鹽牛油，搓揉至被麵糰吸收，最終呈現光滑柔軟且帶彈性的感覺。

③ 麵糰收圓，放置溫暖處發酵至兩倍大；排氣後分割成 6 等份，每份揉成小圓球，放在烤盤進行二次發酵。圖 1-2

④ 製作朱古力擠醬：無鹽牛油室溫軟化，加入糖粉以手動攪拌均勻。全蛋液分 2-3 次加入，拌至完全順滑的狀態，篩入低筋麵粉和可可粉，拌勻即可。圖 3-7

⑤ 待麵糰發酵完成，擠醬放入擠花袋，從麵糰頂部往外一圈圈地擠上去。圖 8-9

⑥ 焗爐預熱至 185℃，放入麵糰烘烤 16-18 分鐘完成。圖 10

製作 小技巧

朱古力擠醬做好後，如麵糰發酵尚未完成，可以將擠醬冷藏稍微變硬些，進入焗爐後會融化得慢些。

擠醬時千萬不要貪心擠得太多，擠至麵糰半腰上一點位置即可，熱力讓醬融化而自然流下，太多的話會流得滿盤都是！圖 11

只需將等量的低筋麵粉替換配方中的可可粉，就可以製成原味鮮奶球了。

金黃芝士麵包條

芝士條是我女兒最喜歡的麵包。據我觀察,芝士條的受眾佔了一半都是小朋友,我常常百思不得其解,為何沒有餡料,樣子有點平凡的芝士條,會如此受孩子喜愛呢?是香濃的芝士味?是表面融化並焦化的芝士碎?抑或是那一行行香甜的蜜醬?後來孩子告訴我,她喜歡的是上面那層變成金黃色的芝士碎,脆脆的、香香的配搭麵包,太好吃了!

材料

可做 6 至 8 條

- 高筋麵粉 300 克
- 砂糖 40 克
- 奶粉 20 克
- 酵母 3 克
- 牛奶 155 克
- 雞蛋 45 克
- 鹽 3 克
- 無鹽牛油 25 克

表面裝飾

- 蜜醬（沙律醬 25 克及蜂蜜 20 克混合）
- 香葱碎、芝士碎及沙律醬各適量
- 全蛋液適量

做法

❶ 高筋麵粉、砂糖、奶粉、酵母、牛奶及雞蛋混合，揉成厚膜狀態。

❷ 加入鹽和無鹽牛油攪打至完全擴展狀態，能拉開成堅韌的薄膜。

❸ 基礎發酵至兩倍大，將麵糰分成所需等份，搓圓，鬆弛 15 分鐘。

❹ 小麵糰擀成長方形，翻面，自上而下捲起，繼續鬆弛 15 分鐘。 圖 1-3

❺ 此時可製作蜜醬，材料混合均勻，裝入擠花袋備用。

❻ 麵糰鬆弛完成，搓成約 30cm 長條，所有麵糰搓好，表面噴水，排好於烤盤上。圖 4

❼ 待二次發酵，完成後在麵糰塗上蛋液，撒上芝士碎，表面擠上沙律醬。圖 5-7

❽ 預熱焗爐至 190℃，烘烤約 15-18 分鐘，出爐後掃上蜜醬，最後撒上香葱碎即可。圖 8

製作小技巧

🍂 這款麵包沒有餡料，形狀偏細長，所以毋須烘烤很長的時間，以免烤得太乾降低其柔軟度。

🍂 蜜醬可隨個人喜愛選擇是否塗上，但抹上後真的好吃很多喲！

日式南瓜紅豆包

金秋時節，每當南瓜上市的時候，我會馬上想到做這款南瓜包，日式豆沙包本來就很經典，稍作調整，把南瓜泥融合進去，再加入椰奶添加椰香味，整體味道瞬間得到提升。南瓜是天然的柔軟劑，讓麵包體變得更鬆軟濕潤，這是大人小孩都會愛吃的款式！

材料（可做6個）

- 高筋麵粉 250 克
- 南瓜泥 100 克
- 全蛋液 20 克
- 椰奶 30 克
- 糖 20 克
- 鹽 3 克
- 酵母 3 克
- 無鹽牛油 25 克

餡料

- 紅豆餡 210 克

做法

❶ 高筋麵粉、南瓜泥、全蛋液、椰奶、糖及酵母混合，揉成光滑的麵糰。

❷ 隨後加入鹽和無鹽牛油，揉至呈完全擴展的狀態，收圓，置於溫暖處發酵至兩倍大。圖 1

❸ 完成發酵後，切分成 6 等份，逐個排氣及揉圓，蓋上保鮮紙鬆弛 10-15 分鐘。圖 2-4

❹ 紅豆餡分成每份 30-35 克，搓成圓球狀。

❺ 取一份麵糰，排氣按壓，中間放上紅豆餡，用麵皮把內餡包裹好，捏緊收口，收口朝下放好。圖 5-7

❻ 如此類推完成所有，整齊地排放在烤盤發酵，至兩倍大。

1

2

3

4

5

6

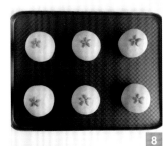

❼ 表面掃上一層水，沾上幾粒南瓜籽做裝飾。
圖 8

❽ 在麵糰表面鋪上一層烘焙紙，在上方壓上另一個烤盤增加重量塑形。圖 9

❾ 焗爐預熱至 180℃，烘烤 18-20 分鐘即成。

製作小技巧

• 日式紅豆包一個很標誌性的特徵是其扁扁的造型，還有因烤盤壓着所產生表面那圈金黃色的圓印，所以必須加烤盤壓着烤才有這個效果。

• 不同品種的南瓜含水量差別較大，故南瓜泥的用量很受影響，今次我選用的是水分含量較少、質地較結實的南瓜，分量是 100 克，如購得水分較多的南瓜，則需適當減少椰奶的分量去調整。無論使用那款南瓜泥製作，建議先扣除部分椰奶分量，不要一次性全放進去，以免後期難以調整。

米麥麵包

米麥麵包，顧名思義是使用米粉製作，外表純樸，吃一口傾心，滿滿的米香味，口感 Q 彈軟糯，非常獨特。

製作米麥麵包的方法大致可分為以下三種：米粉及麵筋粉製作；米粉及高筋麵粉製作；米粉經預糊化處理製作等。為求操作簡易，我常常選擇米粉及高筋麵粉製作的方法，成品既有大米的嚼勁，又有小麥的香甜，兩者配合，產生一種十分獨特的質感。

材料

可做 6 個

- 高筋麵粉 200 克
- 大米粉 50 克
- 奶粉 15 克
- 雞蛋 25 克
- 清水 120 克
- 砂糖 18 克
- 鹽 2 克
- 酵母 3 克
- 無鹽牛油 20 克

做法

❶ 高筋麵粉、大米粉、奶粉、雞蛋、砂糖、酵母及水放於大碗混合，攪打成糰至八成麵筋的狀態。

❷ 加入鹽和軟化的牛油繼續攪打至九成麵筋，至麵糰呈光滑有彈性。圖 1

❸ 麵糰分割成 6 等份，滾圓，鬆弛 20 分鐘。

圖 2-3

❹ 鬆弛完成後,將麵糰拍扁,調整成橢圓形,用擀麵棒擀成牛舌狀。圖 4

❺ 翻面,自上而下捲起,捏緊收口,置於溫暖處發酵約 30-40 分鐘。圖 5-7

❻ 發酵完成後,於表面撒上麵粉,用利刀劃開幾道小口。圖 8

❼ 焗爐預熱至 190℃,烘烤約 16-18 分鐘即可。圖 9

製作小技巧

● 米麵包的麵糰毋須進行基礎發酵,所以打好麵糰後,可直接分割成小份,然後鬆弛即可。

● 整形完成後,發酵時間需控制在 40 分鐘內,不宜發得太大,會降低麵包本身的煙韌口感。

● 大米粉(rice flour)是大米研磨成的粉,可直接在商店購買,也可自行用米粒研磨成很幼細的粉末使用。

雙重朱古力小餐包

朱古力是小朋友的最愛，於日常烘焙中，我不時會將朱古力元素添加進烘焙品，大大提高小朋友進食的興趣。小餐包是最基礎的烘焙產品，通過反覆搓圓、整形來鍛煉自己的手感，我個人非常喜歡做小餐包。看着排列整齊、體積劃一的餐包出爐，心情會變得很愉悅！

材料 可做16個

- 高筋麵粉 350 克
- 牛奶 220 克
- 全蛋液 50 克
- 可可粉 20 克
- 砂糖 40 克
- 鹽 3 克
- 無鹽牛油 35 克
- 酵母 3 克
- 耐高溫朱古力粒 30 克（裹入用料）

做法

1. 高筋麵粉、牛奶、全蛋液、可可粉、砂糖及酵母放入大碗內混合，揉成較光滑的麵糰。
2. 加入無鹽牛油及鹽揉至完全擴展狀態，最後加入朱古力粒拌勻。圖 1-2
3. 將麵糰收圓，進行第一次發酵至約兩倍大。圖 3
4. 麵糰排氣後，分割成 16 小份，每個小份逐一滾成小圓球麵糰。圖 4-6

1

2

3

4

5

6

⑤ 整齊地排入模具內，進行二次發酵（使用模具為 28cm x 28cm 烤盤）。圖 7

⑥ 完成發酵後，在表面撒上麵粉或防潮糖霜。

⑦ 焗爐預熱至 185℃，烘烤約 18 分鐘即可。圖 8

製作小技巧

小餐包作為最基礎的麵包款式之一，通過重複性的操作，完成一個個小麵糰排氣、滾圓等動作，是練習做麵包的基本手法，推薦平日可多製作小餐包，從而提高製作技巧，小餐包做得好，做圓麵包也會更順手。

朱古力粒建議使用可入爐款式，烘烤完成後可保持一粒粒的顆粒口感，如使用一般的朱古力，高溫下即會融掉。

關於表面裝飾，塗全蛋液、撒麵粉、撒糖粉都可以；但需要注意的是，塗蛋液或撒麵粉需要入爐前完成，糖粉則可以出爐稍冷卻後再撒上去。

雞尾包是港式經典麵包之一，在各大麵
包店、茶餐廳均有售，盛久不衰。我個
人喜歡吃，只是高油、高糖的東西總是
讓人又愛又恨，自己吃完承受不了，吃
一個兩個又懶得開工做，所以只能夠在
方便拿給朋友的日子裏才做，大家分甘
同味，食物變得格外美味。

雞尾包

材料
可做6至8個

- 高筋麵粉 250 克
- 奶粉 15 克
- 砂糖 20 克
- 牛奶 135 克
- 全蛋液 40 克
- 酵母 3 克
- 無鹽牛油 20 克

椰絲內餡

- 無鹽牛油 90 克
- 椰絲 50 克
- 奶粉 50 克
- 糖 45 克
- 低筋麵粉 35 克

表面飾醬

- 無鹽牛油 30 克
- 糖粉 10 克
- 低筋麵粉 20 克

做法

① 高筋麵粉、奶粉、砂糖、牛奶、全蛋液及酵母放大碗內混合，揉成厚膜狀態。

② 加入無鹽牛油攪打至麵糰揉至光滑有彈性，放於室溫作基礎發酵至兩倍大。圖 1-3

③ 發酵期間準備餡料，將椰絲餡料混合拌成糰，分成需要的小份，搓成圓柱，冷藏至結實。圖 4-5

④ 製作表面飾醬：無鹽牛油軟化後，加入糖粉用電動打蛋器攪打蓬鬆，拌入低筋麵粉拌勻，裝入擠花袋備用。

⑤ 麵糰發酵完成後，排氣，分割成所需等份，滾圓，鬆弛 10-15 分鐘。圖 7

10 **11** **12**

❻ 完成鬆弛後，輕按麵糰，擀成橢圓形。餡料放在麵糰中間，兩側合攏，捏緊收口，輕搓兩端成橄欖狀。圖 8-11

❼ 全部麵糰做好後，放在烤盤進行二次發酵；完成後，在麵糰表面塗上蛋液，擠兩行裝飾醬，灑上白芝麻。圖 12

❽ 焗爐預熱至 185℃，烘烤約 16-18 分鐘即可。圖 13

13

製作小技巧

• 包入椰絲餡料時，由於餡料含較多油分，如麵糰邊沿碰到餡料，麵糰則無法黏合捏緊，烘烤後最終會爆開，務必注意此點。

• 雞尾包一般是一個挨一個放好，有點像排包的擺放。排放烤盤時，個體之間需留一點空隙，但毋須相隔太寬，經發酵及烘烤後，出爐的雞尾包會互相靠攏一起，這是最常見的做法。當然，如你想讓他們獨立單個出爐的話，間隔放寬一點也可以。

所有紅豆製品都是我的摯愛！豆沙包就成了家裏常規必備的麵包款式。在多款紅豆麵包中，我覺得這款卷卷造型可能是最難把握的款式之一，不僅考驗割線技巧，還要保證捲起、發酵及烘烤後不會爆裂不變樣，需要花費的心思和耐性比其他造型更多。若出爐後看到整盤卷卷包都成功的話，那份愉悅感可持續一整天，非常滿足！

紅豆沙卷卷麵包

材料 可做6個

- 高筋麵粉 220 克
- 低筋麵粉 25 克
- 牛奶 150 克
- 蜂蜜 15 克
- 砂糖 15 克
- 鹽 2 克
- 無鹽牛油 20 克
- 酵母 3 克

餡料

- 豆沙 180 克

塗面料

- 全蛋液適量

做法

1. 高筋麵粉、低筋麵粉、牛奶、蜂蜜、砂糖及酵母放於大碗混合，揉成光滑的麵糰。

2. 隨後添加鹽及無鹽牛油，揉至麵糰完全擴展的狀態；收圓，置於溫暖處發酵至約兩倍大。圖 1

3. 發酵完成後，將麵糰分割成 6 等份，排氣、揉圓，蓋上保鮮紙鬆弛 15 分鐘。圖 2-5

4. 取一份小麵糰，拍扁，包入豆沙餡 30 克，捏緊收口，收口朝下放好。圖 6-7

5. 用手先壓扁麵糰，再用擀麵棒擀成長方形。圖 8

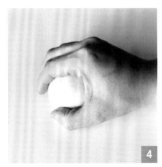
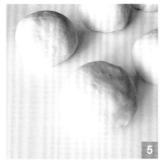

❻ 將麵片橫向放置，斜刀在表面劃出條紋（不需要劃到底）。圖 9

❼ 麵片反面，自上而下捲起來，頭尾相接，捏緊。圖 10-12

❽ 進行二次發酵；完成後在麵糰表面掃上全蛋液。

❾ 焗爐預熱至 175-180℃，放入麵糰烤約 16-18 分鐘即成。

製作小技巧

🥄 耐心！耐心！耐心！製作這款麵包最考驗的不是技巧，而是耐心，等待麵糰鬆弛到位，才容易擀開不回縮；割線的時候力度要平均及間距相等，做出來的成品才會比較養眼。

🥄 最後捲起後，頭尾相接處必須做得仔細及捏緊，才不容易爆裂開來。

🥄 此處選用的豆沙，我建議使用市售的豆沙，黏度較大也較結實，在割線和烘烤時不容易變形。

這是麵包卷，不是蛋糕卷，沒錯，麵包捲起來也很好吃！超級美味，大推薦！

這是一款稍微進階的麵包，因烤好後需要捲起，所以較考驗麵包的狀態，發酵過度、烘烤超時等原因直接導致麵包捲起時開裂，都會造成失敗。

我還記得第一次做這款麵包時，因為捲裂了，最後只能夠直接切塊再兩片黏起來吃。記得小時候在麵包店有出售這款麵包，現在好像越來越少見，想吃的話只好自己做，保證用料滿滿。

香蔥肉鬆麵包卷

材料

- 高筋麵粉 175 克
- 低筋麵粉 25 克
- 全蛋液 50 克
- 牛奶 110 克
- 酵母 3 克
- 鹽 2 克
- 無鹽牛油 20 克

餡料

- 沙律醬隨意
- 肉鬆隨意

塗面料

- 全蛋液 50 克
- 香蔥碎及芝麻粒各適量

做法

1. 高筋麵粉、低筋麵粉、全蛋液、牛奶及酵母放於大碗混合，揉成光滑的麵糰。

2. 隨後添加鹽及無鹽牛油，揉至麵糰完全擴展的狀態；收圓，置於溫暖處進行基礎發酵至約兩倍大。圖 1

3. 發酵完成後，排氣，用擀麵棒擀成適合烤盤大小尺寸（我使用 28cm×28cm 方形烤盤），建議麵糰擀薄一點，厚度約 5mm。圖 2-3

4. 在麵糰表面用叉子戳上不規則洞洞，避免麵糰鼓起，隨後進行二次發酵。圖 4

5. 待麵糰比原來長高約 1.5 倍，在表面刷上全蛋液（配方以外），隨意撒上香葱碎和芝麻粒。圖 5

6. 預熱焗爐至 180℃，烘烤約 16-18 分鐘；取出後放在冷卻架待涼至尚有餘溫狀態。圖 6

❼ 將麵包片翻過來，正面朝下放置，在麵包塗抹一層沙律醬，再撒上滿滿的肉鬆，分量隨個人喜好即可。圖 7

❽ 以擀麵棒和牛油紙協助，將麵包片捲起，繼續用牛油紙收緊、定型及冷透，即可拆開牛油紙，切成小塊，麵包側面再塗抹少許沙律醬及蘸上肉鬆，即可享用。圖 8-10

 製作小技巧

🥄 麵糰需要搓揉均勻，麵糰的延展性才是最好；發酵時間也不能超時，如輕戳麵糰發現下塌，代表發酵過度，最終導致麵包體粗糙及乾裂。

🥄 在擀平麵糰時，注意力度盡量平均一點，這樣做出來的麵包片才厚薄一致，捲起來會較好看，千萬別像 pizza 般弄成四周厚中間薄的樣子。

🥄 注意烘烤的溫度和時間，切勿烘烤過度，烤太久在捲的時候就容易裂開。

🥄 必須趁麵片仍有餘溫時捲起，不要待至完全冷卻後才捲，同樣易裂。

Chapter 3
節日慶典
點心

歡欣喜慶的佳節裏，
收到親手炮製的節日
造型伴手禮，
那份滿滿的心意及祝福，
誰不羨慕？

節日慶典
造型點心

在一整年裏，中西節日這麼多，相信總有些日子會讓你很有衝勁去製作一些伴手禮送贈親朋。一款節日特色造型的點心，不僅增添佳節氣氛，更能讓收禮物的人感受到你滿滿的心意和祝福。我特選以下幾款中西重要節慶別具特色的造型食物作為分享，希望可以在大家有需要時翻開此書找些靈感及製作。

不論中西節日，各有代表性的事物或特有的吉祥物，如復活節會聯想到小雞、兔子及紅蘿蔔；新春佳節則不可缺少具備中華特色的傳統圖樣和花紋，如福字紋、梅蘭菊竹花樣，又或寓意吉祥的物件如桔子、蘋果等。想到聖誕節，就很想擁有漫天飄雪、白色冬日的既視感，製作聖誕花、雪花這類浪漫溫馨造型的食物就最窩心了。

不僅是具象化的事物，在製作時也可多考慮使用專屬該節日的色彩搭配設計節日造型食物，例如聖誕節的經典紅綠配；萬聖節的橙紫配；復活節的粉嫩配色；傳統新年的中國紅等，只要把該節日特色的色澤要素融入食物當中，哪怕再簡單的烘焙品，節日氛圍感也會立馬呈現。

此外，**食材用料的選擇能表現節日特色**，如萬聖節正值秋收的黃金季節，故使用南瓜製作的點心就非常適合；肉桂味道的製成品，非常配襯聖誕節；中式節日裏，蓮子、紅棗、紅豆這些既象徵甜蜜，又很好意頭的食材都會常常被用在各類中式點心。

至於製作方式的選擇就非常多元化，隨着全球中西文化大融合，早已跳出西點西做、中點中做的框架，利用萬聖節、聖誕節元素製作中式饅頭已非常普遍，將中國風融入餅乾曲奇的製作也不再是新鮮事，大家可不必拘泥於形式，創作時放膽開發自己的小宇宙，能創造出更多超棒的節日食品！

新春賀年篇

一口棗蓉酥

紅棗的香甜，想必很多人都會喜歡，我也不例外。以紅棗製成的棗蓉，可廣泛應用於中式點心餡料，如棗花酥及棗蓉月餅等，品嘗起來別具風味。這個食譜想推薦一款造型很容易的國風小點心 —— 棗蓉酥。

小巧可愛的棗蓉酥卷，香酥可口，甜而不膩，一口一個根本停不下來呢！

材料

可做約 60 個

- 無鹽牛油 100 克
- 糖粉 25 克
- 低筋麵粉 140 克
- 全蛋液 25 克（室溫）
- 杏仁粉 30 克
- 黑芝麻適量

餡料

- 紅棗蓉 300 克

做法

① 無鹽牛油放於室溫軟化，加入糖粉攪打至順滑。圖 1-2
② 全蛋液分 2-3 次加入牛油中，攪打至蛋液被吸收，牛油糊變得蓬鬆。圖 3
③ 低筋麵粉和杏仁粉混合，過篩後加入牛油混合物內，翻拌成麵糰，用保鮮紙包好，冷藏 1 小時。圖 4
④ 每份棗蓉分成約 60 克，每份搓成直徑約 1cm 長條。
⑤ 麵糰取出，分成 4 小份，每份約 80 克，擀成長方形，麵糰尺寸跟棗蓉條相配合，長度與棗蓉條相若，寬度應剛好包裹棗蓉條為佳。圖 5

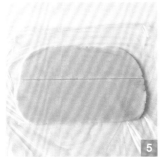

❻ 麵糰鋪好，中間放上棗蓉餡，將麵糰合起來捏緊收口，輕輕搓一下。圖 6-7

❼ 麵糰切分成小份，每份約 1.5cm × 1.5cm（烤好後會膨脹）。表面掃上蛋液（食譜外分量），撒上黑芝麻，排放烤盤上，每個之間預留空隙。圖 8-9

❽ 焗爐預熱至 170℃，烘烤約 18 分鐘至表面上色即成；出爐冷卻後，密封放置可保持其酥度。

製作小技巧

棗蓉餡可自行製作或購買市售的食材，如自製棗蓉餡需注意餡料炒乾些，不宜做得太濕軟，會影響餅皮的酥度以及保存狀態。

棗蓉餡的分量可根據自己的喜好而定，喜歡餡料多點的可增量，少一點的即減量。

烘烤到位的棗蓉酥，如保存狀態恰當的話，其保存時間可長達最少兩星期。

棗蓉餡也可以用紅豆沙或芋蓉等替代，配方中的酥皮麵糰同樣適用。

新春賀年篇
大吉大利曲奇

這是一款簡易基礎牛油曲奇，以原味食譜為基底，只需多加變化，可變換出各種口味及造型。每年新春之際，我都會製作一款大吉造型的食物，討其大吉大利之意，饋贈他人特別有意思，收禮的人也會格外歡喜。這款曲奇餅乾剛好可以製作成大吉造型，只需一個圓形模具就能做出來，小朋友也可自行完成，不失為一個很好的親子活動！

材料
可做約20塊

- 無鹽牛油 100 克
- 糖粉 70 克
- 全蛋液 50 克（室溫）
- 杏仁粉 20 克
- 低筋麵粉 200 克
- 鹽 1 克
- 金黃芝士粉 20 克
- 抹茶粉 1 克

做法

① 無鹽牛油放於室溫回軟，加入糖粉混合攪打均勻。圖 1

② 全蛋液分 3 次加入牛油內，每添加一次攪打至完全吸收，然後才加入另一次，全部蛋液添加完成後，將牛油混合物攪打至順滑。圖 2

③ 杏仁粉和低筋麵粉混合，與鹽一起加入牛油混合物翻拌均勻成麵糰。圖 3

④ 麵糰中取出 10-15 克，加入抹茶粉揉成綠色麵糰；其餘麵糰加入金黃芝士粉揉成橙色麵糰，用保鮮紙包好，冷藏 30-60 分鐘至硬。圖 4-5

⑤ 桌面墊上牛油紙或保鮮紙，將橙色麵糰擀成平整的片狀，厚度控制在 5-6mm，再放入雪櫃冷凍 30 分鐘。圖 6

⑥ 綠色麵糰擀成 3mm 厚度麵片，同樣冷凍 15-30 分鐘。圖 7

⑦ 取出冷凍後的橙色麵糰，用圓形餅乾切模（或選圓形、邊沿較薄和鋒利的物件），在麵片壓出圓形圖案，鋪在烤盤上。圖 8

1

2

3

4

5

6

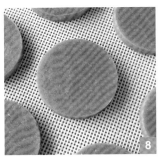

⑧ 綠色麵片用來做桔子蒂，用小星星模具印出來，貼在圓形麵片上。圖 9

⑨ 最後在大吉麵糰兩側用竹籤扎幾個小洞，模仿桔子皮的效果。圖 10

⑩ 焗爐預熱至 170℃，烘烤約 16-18 分鐘，密切注意表面上色情況，切勿烤焦。

製作小技巧

- 在配方中，去除金黃芝士粉和抹茶粉，適當添加低筋麵粉替代，可成為基礎原色曲奇的配方。

- 混合好的麵糰需要冷藏後才擀開成麵片，無冷藏的情況下麵糰偏黏軟，不好操作。

- 麵片擀開後，必須冷凍片刻才易於印模，麵糰的狀態應是印模後模具可帶動麵糰提起，而非留在桌面上，此時的麵糰軟硬度為最佳。

- 麵糰在操作過程期間會逐漸回溫變軟，故印模速度愈快愈好，如印模後麵糰仍留在桌面，則說明麵糰已不在最佳狀態，徒手掀起或導致麵片變形，可再次冷凍麵糰後繼續按印。

- 注意烘烤溫度和時間的配合，添加了顏色的造型曲奇如表面上色過深會影響整體的觀感，若焗爐溫度偏高容易烤焦的話，建議調低溫度添加時間進行烘烤。

新春賀年篇

新春桃花酥

中式酥餅的美，在於其溫柔、純樸、素雅，我非常喜歡製作中式酥餅，尤其是在中秋節及新春佳節這些傳統節日裏，就想製作各式造型的酥餅送贈親朋。美好的節日當要有美點相伴，將酥餅做成粉花造型，既是一番心意，也是一份祝福，寄意花開富貴，繁花似錦。

油皮麵糰

可做 10 至 12 個

- 中筋麵粉 125 克
- 水約 57 克
- 砂糖 12 克
- 豬油 45 克

油酥麵糰

- 低筋麵粉 90 克
- 紅麴粉 2 克
- 豬油 45 克

餡料

- 紅豆沙 200-240 克

做法

❶ 製作油皮麵糰：中筋麵粉、水及砂糖混合均勻，加入豬油搓至麵糰呈光滑狀態，用保鮮紙包好鬆弛最少 30 分鐘。圖 1-3

❷ 製作油酥麵糰：低筋麵粉、紅麴粉及豬油混合，用手掌根部搓至順滑狀態。圖 4

③ 待兩種麵糰準備好，將油皮按扁，油酥放於中間，用油皮包起油酥。圖 5-6

④ 按壓麵糰至扁平，用擀面棒輕壓推開油酥，擀成方形，盡可能擀得大些及方正，確保油酥被推開。圖 7

⑤ 在麵片中間橫向劃一刀，分成上下兩部分；捲起麵片成兩根長條。圖 8-9

⑥ 每根切分成 5-6 小份，合共製成 10-12 個，完成後蓋上保鮮紙保濕。

⑦ 取出一個小份，在中間壓扁，然後將兩端往中間擠合，再壓扁麵糰；用擀麵棒推開成 8cm 麵片。圖 10-12

⑧ 包入餡料，麵皮往頂部收攏，包好餡料後捏緊收口，用手輕輕壓扁麵糰。圖 13-14

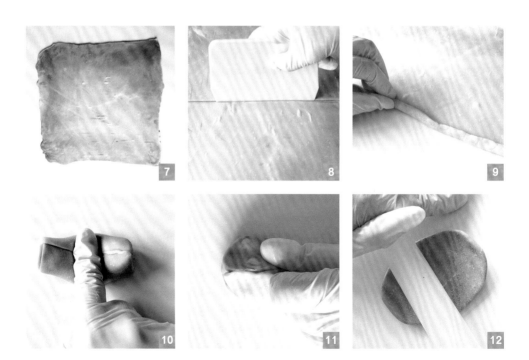

⑨ 將麵糰分割成 8 小份，在每小格中間畫上數條線（但不要切斷麵糰）。圖 15

⑩ 在花酥中間掃抹水或蛋液，再以白芝麻點綴。

⑪ 焗爐預熱 180℃，焗約 25 分鐘即成。

製作小技巧

● 油皮及油酥麵糰在製作完成後，必須全程遮蓋，保持麵糰的濕度。

● 若後期捲好後覺得表皮乾了，可適當地噴水保濕。

● 這是一次開酥的做法，省時方便，為批量製作之優選。

● 花酥在烘烤的最後階段容易上色，可在烘烤最後 5 分鐘遮蓋錫紙，以免顏色太深。

萬聖節篇

萬聖節煉乳小餅乾

零失敗！超簡單！好操作！攪一攪就能做好的小餅乾，口感香甜，造型多變，還可以把家裏積存的煉乳快速消耗掉，在各式節日裏只需將麵糰做起來，再用各款模具印～印～印～，就可以快速批量製作各款應節小餅乾，無疑是日常必備餅乾食譜之一。

材料 可做15塊

- 低筋麵粉 250 克
- 無鹽牛油 120 克
- 糖粉 30 克
- 鹽 2 克
- 煉乳 125 克
- 粟粉 30 克
- 紫薯粉 3 克
- 南瓜粉 5 克

做法

1. 無鹽牛油放於室溫軟化，略攪打順滑後，加入糖粉打勻，放入煉乳繼續攪打混合。圖 1

2. 低筋麵粉、鹽及粟粉混合拌勻，加入煉乳麵糊內，用刮刀翻拌均勻成麵糰，分成三等份。圖 2

3. 保留一份原色麵糰，另外兩份分別加入紫薯粉和南瓜粉，揉成紫色和橙黃色麵糰。圖 3

4. 將三份麵糰分別擀成厚度約 8mm 厚麵片，包好冷藏 1 小時，冷凍結實後用餅乾印模印出圖樣。圖 4-5

5. 焗爐預熱至 160℃，烘烤約 18-20 分鐘即可。

製作小技巧

- 無鹽牛油、糖粉和煉乳混合後，只需攪打順滑即可，緊記毋須過度打發。

- 如需製作其他顏色的麵糰，可用其他顏色的果蔬粉或色素製作。

- 在擀平麵糰時，需要擀成厚度約 8mm 的厚片，不建議低於 6mm 厚度。

- 剛拌好的麵糰較軟，不利壓模印製，冷藏後更易於後續的操作。

- 為了保持小餅乾的色澤，需要保持低溫烘烤，保證餅乾表面不會因烘烤至發黃變色，如後期發現上色較深，可用錫紙遮蓋。

- 烘烤的時間與餅乾厚度有關，如餅乾較厚的話，建議調低爐溫及延長烘烤時間將餅乾烤熟，或烘烤完成後關掉焗爐，讓餅乾留在焗爐繼續待幾分鐘。

- 餅乾烘烤完成後，可用食用色素筆添加趣怪表情。圖 6

6

木乃伊咖啡包

萬聖節主題造型食物，木乃伊是主要角色，要塑造木乃伊造型，最簡單的方法是在麵包加上木乃伊繃帶初現輪廓，再點綴一雙呆萌或血紅的眼睛，可愛中帶點點陰森的木乃伊造型麵包。慣常做褐色麵糰會用上可可粉，如喜歡咖啡味道的話，我推薦改用咖啡粉，炮製一款專屬成年人口味的麵包，何樂而不為？搭配一杯奶茶或咖啡，就是一頓美美的茶點了！

材料（可做 6 個）

- 高筋麵粉 280 克
- 咖啡粉 15 克
- 全蛋液 38 克
- 水 160 克
- 鹽 3 克
- 糖 30 克
- 酵母 3 克
- 無鹽牛油 30 克

雪芙皮

- 無鹽牛油 20 克
- 低筋麵粉 20 克
- 牛奶 20 克
- 糖粉 15 克

做法

① 製作主麵糰：高筋麵粉、咖啡粉、全蛋液、糖、酵母及水混合，揉搓成光滑麵糰。

② 加入鹽拌勻強化麵筋，再放入已軟化的無鹽牛油，揉搓至九成麵筋的狀態。圖 1

③ 取出麵糰，滾圓，進行基礎發酵至麵糰膨脹至約兩倍大。圖 2

④ 發酵完成後，輕按排氣，分割成每個約 75 克小份，小麵糰排氣、揉圓，放於室溫鬆弛 20 分鐘。圖 3-4

⑤ 將小麵糰拍扁排氣，用擀面棒擀成牛舌狀，翻面，自上而下捲起，放入模具內發酵，如沒有模具可直接放於烤盤發酵。圖 5-6

⑥ 製作雪芙皮麵糊：材料全部混合攪勻成順滑的麵糊，裝入擠花袋備用。

1

2

3

7. 待麵糰發酵完成，擠花袋剪開小口，在麵糰頂部和中部往下位置擠出橫七豎八的線條，製造出木乃伊繃帶纏繞的樣子。圖 7

8. 焗爐預熱至 185℃，放入麵糰烘烤約 16-18 分鐘。

9. 出爐後，在眼睛位置擠點溶化朱古力，黏合眼睛糖珠就完成了。

製作小技巧

- 咖啡粉要選用幼細的粉末，如咖啡顆粒較大，可提前取食譜內部分水加熱將咖啡粉溶解，冷卻後加到麵糰內。

- 如不喜歡咖啡味道，可用等量可可粉代替，同樣完成木乃伊造型。

- 在麵糰約 1/3 部分預留位置放置眼睛；雪芙皮線條建議別擠得太密。

- 雪芙皮一般可用於表面裝飾，做成小餐包後裝飾也很好。

聖誕節篇
聖誕帽曲奇

這是一款非常好做、較易擠出且搭配廣泛的曲奇食譜。曲奇作為各大節日的座上客，一款好用的配方顯得必要和重要。這款只使用蛋白（不加蛋黃）做出來的曲奇偏硬脆，是我偏愛的口感，希望大家也會喜歡。

材料
可做25塊

- 無鹽牛油 100 克
- 糖粉 50 克
- 蛋白 32 克
- 鹽 1 克
- 低筋麵粉 150 克
- 紅色食用色素 2 滴
- 香草膏適量（可選用）

做法

① 無鹽牛油切成小塊，放於室溫回軟；蛋白室溫備用。

② 無鹽牛油與糖粉混合，用電動打蛋器攪打均勻。圖 1

③ 分 2-3 次加入蛋白，每次加入後攪打吸收後才再加另一份。圖 2

④ 全部蛋白加入後，攪打成順滑的混合物（如需要加入香草膏可加添及拌勻），加入鹽和低筋麵粉拌成麵糊。

⑤ 將整份麵糊分成 2 份，一份分成 2/3，另一份 1/3 分量。

⑥ 取 2/3 分量的麵糊加入紅色食用色素，調成鮮紅色；餘下 1/3 分量麵糊保持原色。圖 3

⑦ 兩份麵糊分別裝入擠花袋，紅色麵糊使用 8 齒花嘴，原色麵糊使用 10 齒花嘴。圖 4

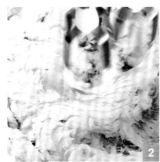

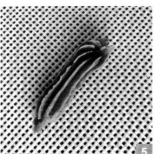
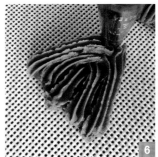

⑧ 在中間位置先擠一條約 3cm 長的紅色麵糊，分別在兩側中線擠上左右各兩條弧線，於頂部匯合成一點，帽子主體完成。圖 5-6

⑨ 用原色麵糊在帽頂擠一個小花作為帽子球，在最底部擠上一條橫線作為帽沿。圖 7-8

⑩ 焗爐預熱 170℃，烘烤約 16 分鐘即成。

製作小技巧

● 製作曲奇小點心，無鹽牛油的軟化程度需恰當，直接影響成品的花紋能否保持清晰、餅乾不坍塌等。無鹽牛油的正確狀態應為膏狀，用刮刀可順暢地抹開，千萬不要融化至有液體流出。

● 這款曲奇建議用糖粉製作，較易吸收及融化，不建議隨意換成其他糖。

● 牛油攪打的時間充足，曲奇成品會更酥鬆；如若時間過長，也會影響成品花紋的清晰度，必須拿捏準確。

● 關於花嘴的型號和款式，其實沒有過多限制，可根據已有的選配合適的花嘴製作，哪怕擠成一條條的紋路，成品也會美麗的。

● 一份曲奇麵糊製作出來的成品數量，取決於單個分量，這個食譜可製作約 25 塊曲奇，是基於每塊曲奇約 4-5cm 直徑製作；若單個尺寸比示範的要大，成品數量當然比 25 塊為少，反之單品個頭小了，數量則會增多。

聖誕節篇

抹茶瑪德琳小蛋糕

說起快手完成的甜點，怎少得瑪德琳呢？我很愛吃這款常溫蛋糕，尤其是回油過後略帶結實又不失濕潤的質地，最讓人回味！配合聖誕節的經典配色，可以做成抹茶口味，表面稍加裝飾已非常有節日氣氛，而且包裝好送人，或派對時招待客人也不錯。蛋糕置於常溫下可保存三至四天，非常友好。

材料

可做 6 個大蛋糕

- 低筋麵粉 45 克
- 蛋白 2 個
- 幼砂糖 30 克
- 無鹽牛油 55 克
- 抹茶粉 4 克
- 泡打粉 3 克

做法

❶ 低筋麵粉和泡打粉混合均勻。

❷ 無鹽牛油隔熱水融化，加入抹茶粉攪拌均勻。
　圖 1

❸ 蛋白加入幼砂糖，用手動打蛋器攪勻至砂糖融化，篩入粉類混合物，拌成較結實的麵糊。
　圖 2-3

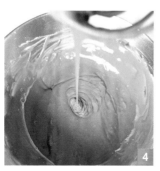

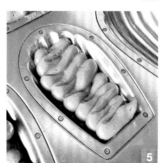

④ 最後加入抹茶牛油溶液，翻拌成順滑的抹茶麵糊。圖 4

⑤ 裝入擠花袋，放入雪櫃冷藏 2 小時或以上（隔夜更佳）。

⑥ 瑪德琳模具表面掃上薄薄一層牛油溶液（配方以外），擠入麵糊至七至八分滿即可。圖 5

⑦ 預熱焗爐至 220℃，先烘烤 2 分鐘，調低至 190℃續烤約 8 分鐘，待涼後裝飾即成。圖 6

製作小技巧

● 由於瑪德琳麵糊經過攪拌，產生了一定筋性，利用冷藏靜置充分鬆弛麵糊，做出來的成品較鬆軟綿密，孔洞較少。

● 從雪櫃取出的瑪德琳麵糊，先放室溫待 20 分鐘才擠入模具，可改善麵糊因過於結實而無法平均流平的情況，減少表面產生孔洞。

● 瑪德琳標誌性的大肚子鼓起，與烤溫關係很大，建議先用高溫烤熟蛋糕邊沿定型，再調低溫度烘烤，內部麵糊受熱膨脹而噴發而出形成大肚子。

● 硅膠模具相對於技術模具，其導熱效果較慢，故上色效果較淺也是正常的。

復活節篇

小黃雞甜甜圈

甜甜圈是小孩子的最愛，而且非常容易做，每到聖誕節及復活節這些節日，都會準備一堆甜甜圈給孩子、同學及朋友。甜甜圈屬於常溫蛋糕，毋須冷藏保溫，攜帶起來非常方便，作為伴手禮最好不過。我個人喜歡不加裝飾的甜甜圈，可是孩子當然偏愛帶朱古力淋面的版本，表面澆上朱古力，還能以糖果點綴或描繪圖案，更可愛有趣了。

材料（可做 6 個）

- 低筋麵粉 110 克
- 泡打粉 3 克
- 雞蛋 2 個
- 砂糖 60 克
- 鹽 1 克
- 無鹽牛油 60 克
- 伯爵茶碎 3 克

表面裝飾

- 白朱古力 100 克
- 黑朱古力 20 克
- 油性黃色食用色素數滴
- 油性橙色食用色素數滴

做法

1. 雞蛋和砂糖混合攪拌，至砂糖融化。
2. 低筋麵粉和泡打粉充分混合，過篩，加入蛋液內混和，再加入鹽拌勻。圖 1
3. 無鹽牛油融化成液體狀，保持溫度在 50-60℃，慢慢加入麵糊充分拌勻，最後加入伯爵茶碎拌勻。圖 2-3
4. 甜甜圈模具塗抹一層薄薄的融化牛油（配方以外），倒入麵糊至六至七分滿即可。圖 4
5. 焗爐預熱至 180℃，烘焗約 16 分鐘（大號甜甜圈需延長至 18 分鐘）。

⑥ 出爐後冷卻，白朱古力座於暖水融化，加入油性色素調成黃色。

⑦ 每個甜甜圈沾上朱古力溶液，等待冷卻凝固。圖 5

⑧ 取少量白朱古力溶液，加入橙色色素畫成嘴巴，融化少量黑朱古力畫上眼睛和爪子，可愛的小雞完成了。圖 6

製作小技巧

● 建議甜甜圈模具預先刷油防黏，尤其使用金屬模具。

● 麵糊倒入至六至七分滿即可，若麵糊太多致後期膨脹厲害，甜甜圈會變形拱起，形狀沒那麼好看，別貪心啊！

中秋節篇

傳統月餅

傳統月餅是我的摯愛，尤其那層柔軟香甜的餅皮，讓我光吃餅皮不吃餡也願意。小時候的我，在吃傳統月餅時有個偏好，就是把蛋黃挖出來不要，只吃餅皮和餡，所以那時中秋節的月餅盒裏，通常有幾顆鹹蛋黃在餅盒內滾來滾去。到自己會做月餅的時候，給自家吃的通常不放蛋黃，只有皮和餡的美妙誰能懂？

餅皮材料

- 中筋麵粉 160 克
- 轉化糖漿 120 克
- 鹼水 4 克
- 花生油 40 克

塗抹料

- 蛋黃 1 個
- 水 1 湯匙

餡料

- 蓮蓉、豆沙、紫薯、黑芝麻各適量（選個人喜歡的，建議分量參考 p.125）
- 蛋黃適量（建議分量參考 p.125）

做法

1. 轉化糖漿與鹼水混合攪勻，加入花生油混合。圖 1
2. 取一半中筋麵粉，加進糖漿內攪勻，再放入另一半拌好，包上保鮮紙鬆弛 1 至 2 小時（如天氣較熱可放冰箱冷藏），餅皮部分完成。圖 2
3. 餡料包好蛋黃（或只用純內餡），搓成圓球備用。
4. 餅皮麵糰每份分割好，蓋上保鮮紙備用。
5. 取一塊餅皮，搓圓按扁（大概是餃子皮大小），包入餡料，手握成 C 字型，慢慢把餅皮往上推，直至餅皮合攏收口即可。圖 3-4
6. 模具內撒粉，倒扣敲出多餘的粉，放入麵糰壓模，放在烤盤上。全部完成後，在月餅表面用噴壺薄薄地噴上一層水。圖 5-6
7. 焗爐預熱 180-200℃（具體情況視乎個別焗爐），先放中下層烤 5 分鐘，取出稍放涼，在表面掃抹蛋水，繼續烤約 15 分鐘，至表面上色即可。

4

5

6

製作小技巧

食譜具體可製作的月餅數量，需視乎模具大小及皮餡比例而定，大家可先計算製作的餅皮份數，再相應地準備餡料分量較恰當。

關於餅皮及內餡的比例，可以是 4 比 6、3 比 7、2 比 8 或 1 比 9，視乎個人喜歡皮薄或皮厚而定，一般我使用 3 比 7 或 2 比 8 配比，新手建議從 3 比 7 或 4 比 6 開始。

餅皮及內餡比例的計算方式：以 4 比 6 為例，如使用 50 克月餅模，餅皮是 50 克 × 0.4=20 克，餡料是 50 克 × 0.6=30 克，那餅皮需要秤量 20 克，餡料包括蛋黃及蓮蓉等包裹料合共 30 克。如此類推，其他配比換算相同。

最後蛋液薄薄地掃抹一層，建議盡可能使用毛刷，效果較漂亮細緻，不要掃得過厚，蛋液膨脹後會影響花紋而不夠清晰。

傳統月餅需要回油，剛出爐時表皮硬硬的，放涼後放入密封盒保存，待 1-2 天後表皮恢復柔軟度，表面變得油亮很有光澤。如餅皮沒出現回軟的情況，請檢視操作步驟有否正確。

Chapter 4
中西家庭
小點心

精緻的西式糕點，
巧思的中式點心，
各顯魅力，
各有捧場客。
作為茶點或派對小吃，
你會愛上它！

中西家庭 點心製作特點

除了喜歡製作西式糕餅,我也喜歡研究中式點心的製法,各類烘烤、煎製及水蒸糕點都是心頭好,平日在家會中西點交替着製作各式糕點,不一定是因為饞嘴想吃,更多的時候是為了滿足心中的那份蠢蠢欲動。

我個人認為,西式糕餅在於精,精緻就是西點的代名詞,精美的裝飾、擺盤、口味的搭配,無一不透露着雅緻的美麗。中式點心則在於巧,製作中點側重於巧思巧勁,每一道褶子的拿捏都考驗着製作者的實力。中西美點各具魅力,無法割捨,也互不衝突,甚至有時候還可以互相借鑑,互相優化。

這篇章裏,我選取幾款日常小點心給大家分享,中西兼備,製作難度不大,利用率還高,非常適合作為日用茶點、派對食物及伴手禮等。

⇧ 將蔥油餅麵糰搓條,圍成圓餅狀及收尾,是中式蔥油餅的製作技巧。

西式篇

朱古力核桃軟曲奇

朱古力曲奇是很多小朋友的摯愛,這款朱古力核桃軟曲奇應該是不少大朋友的心頭好。隨着年歲漸長,口味也會隨之有所轉變,以前的我一點核桃都不喜歡吃,如今卻慢慢懂得欣賞那份微澀帶點甘甜的美。一杯黑咖啡,配上一塊軟曲奇,無疑是慵懶午後的最佳適配。

材料

- 低筋麵粉 80 克
- 中筋麵粉 75 克
- 梳打粉 2.5 克
- 泡打粉 2.5 克
- 海鹽 2.5-3 克
- 無鹽牛油 100 克
- 黃砂糖 75 克
- 全蛋液 45 克
- 朱古力 70-80 克
- 熟核桃碎 70-80 克
- 雲呢拿香草精華 少許

做法

❶ 低筋麵粉、中筋麵粉、泡打粉、梳打粉和海鹽全部混合拌勻。

❷ 無鹽牛油放於室溫軟化；全蛋液待至室溫。

❸ 軟化好的牛油、香草精華及黃砂糖攪打均勻。 圖 1-2

❹ 分次加入全蛋液，攪打至牛油完全吸收。圖 3-4

❺ 粉類材料過篩，篩入牛油料內，翻拌成麵糰。 圖 5

⑥ 朱古力和核桃切成小塊或壓碎，加入麵糰內拌勻，包好麵糰，冷藏 1 小時。圖 6

⑦ 取出麵糰，分成約 60-70 克小份，用手輕輕滾成球狀，放置烤盤上。圖 7-8

⑧ 預熱焗爐至 180℃，烤約 16-18 分鐘即成。圖 9

製作小技巧

- 核桃需要預早烘烤，或選用市售的熟核桃，不建議使用生核桃製作。

- 使用烘焗朱古力豆或一般朱古力豆均可，我個人喜歡融化的朱古力，故食譜內使用的是一般烘焙用朱古力豆。

- 麵糰拌勻即可，切勿過度攪拌；完成後建議冷藏鬆弛。

- 將麵糰滾成小球，於烘烤過程期間會自然下塌，出爐就是漂亮的半拱形。

- 緊記切勿過度烘烤，這款曲奇本身是軟曲奇，出爐時是軟軟的，冷卻後也呈半軟狀態，烤成脆的就不對啊！

- 配方只用了黃砂糖，如喜歡脆度高的可使用部分白砂糖取代相應分量。

西式篇

玫瑰酒釀貝果

貝果是我很愛很愛的一款烘焙品，愛那層 Q 韌的外殼，愛那扎實有嚼勁的質地，愛那樸實不繁雜的工藝，也愛那少油少糖帶來的健康。在嘗試很多款口味貝果後，決定把這款玫瑰酒釀貝果寫進食譜，有玫瑰有酒，光是名字聽着已覺得很美好，實際上這口味真的讓人欲罷不能，酒香花香彼此融合交織，不禁讓人如癡如醉。

材料

可做 6 個

- 高筋麵粉 300 克
- 玫瑰醬 50 克
- 酒糟 130 克
- 酵母 3 克
- 玫瑰花乾 15 克
- 水 55 克
- 鹽 3 克

糖水料

- 糖 50 克
- 水 1 公升

做法

① 所有材料混合，揉成光滑的麵糰，置於室溫鬆弛 30 分鐘。圖 1

② 完成後分割成 6 等份，每小份排氣、揉圓，再鬆弛 10-15 分鐘。圖 2-3

③ 將小圓球拍扁，用擀麵棒擀成方形，自上而下捲起來，捏緊末端收口，再把麵糰搓成長條。圖 4-5

④ 用剪刀在麵糰一端剪約 2cm 開口，壓扁該端麵糰。圖 6-7

⑤ 將麵糰圍成圈，兩端連接，將另一端往開口處填進去，包起捏緊，放溫暖處發酵約 30 分鐘。圖 8-10

⑥ 快發酵完成時，燒熱水 1 公升，加入糖 50 克加熱至約 90℃（毋須沸騰）。

❼ 將發酵完的貝果放入糖水內，每面煮 20-30 秒即撈出，瀝乾水分。

❽ 焗爐預熱至 210℃，烤約 16 分鐘即可。

製作小技巧

- 貝果的特色是其扎實帶咬勁的口感，故發酵時間比一般麵包短些，如過度發酵，口感過於蓬鬆，則失去其本質意義。

- 貝果帶有韌韌的外皮，在於經過熱水燙煮，這個步驟不可省略。煮貝果的水控制在鍋邊冒小泡但不沸騰的狀態，煮的時間愈長，表皮就愈韌勁，視乎個人口感偏愛決定燙煮時間。

- 煮貝果的水可加入糖或不加糖，也可放入不同的糖，糖分的作用主要為貝果添色，清水煮的貝果成品顏色會較淺。

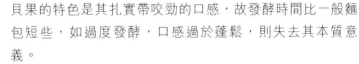

這是一款很容易看到材料表就被嚇退的小餅乾，實際上操作起來真的不是很困難！沒錯，我也是首次看到就被嚇退的其中一員，只是我又不甘心地回過頭去做，結果發現……還真的挺容易上手呢！過時過節，送親戚朋友當伴手禮很具體面，至少顯得自己很厲害的樣子！哈哈！

西式篇
焦糖杏仁酥餅

餅皮材料

- 無鹽牛油 150 克
- 糖粉 95 克
- 全蛋液約 55 克
- 低筋麵粉 280 克
- 杏仁粉 20 克
- 雲呢拿香草精華適量

焦糖杏仁醬

- 無鹽牛油 40 克
- 鮮忌廉 130 克
- 砂糖 65 克
- 蜂蜜 25 克
- 水飴 45 克
- 杏仁片 150-160 克

做法

① 無鹽牛油切小塊，室溫回軟，加入糖粉及香草精華攪打均勻。圖 1

② 分次加入全蛋液，攪打至全部吸收，至牛油呈順滑狀態。圖 2

③ 低筋麵粉和杏仁粉混合拌勻，篩入牛油內翻拌成麵糰。圖 3-4

④ 用保鮮紙包好麵糰，稍微整理成厚片狀，冷藏2 小時。圖 5

⑤ 取出麵糰，擀成適合烤盤的大小（我的烤盤尺寸是 28cm× 28cm），轉放到烤盤上，用叉子扎上小洞。圖 6

⑥ 預熱焗爐至 180℃，烤約 20 分鐘；完成後取出放於網架待涼。

⑦ 製作焦糖杏仁醬：杏仁片放入 150℃ 焗爐烤約 10-15 分鐘，見杏仁片轉色取出備用。將其他材料放入小鍋混合，加熱攪拌，當溫度達115℃，關火，放入杏仁片拌勻。圖 7-8

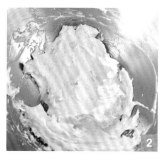

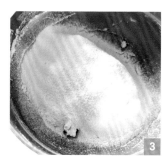

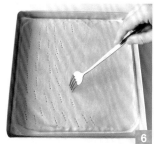

⑧ 將餅乾放回烤盤上，焦糖杏仁醬平均抹平在餅乾表面。圖 9

⑨ 放入 180℃ 焗爐烤約 25 分鐘，待表面出現焦糖色，取出。

⑩ 出爐後稍攤涼，切塊，大小隨意，千萬不能待完全冷卻才切。

製作小技巧

• 這款餅乾只是材料頗多，技術要求難度不太大，成功率還是很高。當你吃一口時會覺得很值得做！

• 焦糖醬的溫度必須煮得足夠，否則表面糖漿欠硬度而變得軟軟的。

• 切塊的時間要把握得好！千萬不要待涼透再切，會弄得很碎很碎！餅乾溫暖的時候就要下手啊！

• 杏仁酥餅的製成數量，取決於裁剪成品的大小而定。

• 再次提醒大家，別被材料表嚇跑呀！

酥皮泡芙對我來說是一款有點勸退的小甜品……話說剛開始學習烘焙時，這款甜點在必做清單上，因想做給孩子吃，於是雄心壯志地很快嘗試着。只是在那次成功後，就極少做泡芙，因那時跟父母同住，要在那個長期爆滿的冰箱騰出空間鋪平酥皮麵糰實屬不太便利。直到後來才醒覺，酥皮可以一次多做一點，印模後再疊放存起來，這樣就不佔地方，隨時可以取用，都怪自己笨，還以為必須做一次印一次冰一次……

酥皮泡芙

西式篇

泡芙麵糊（可做約12至15個）

- 無鹽牛油 30 克
- 砂糖 5 克
- 鹽 1 小撮
- 中筋麵粉 35 克
- 牛奶 50 克
- 全蛋液 55-60 克（根據麵糊狀態調整）

酥皮麵糰

- 無鹽牛油 28 克
- 糖粉 20 克
- 低筋麵粉 36 克

做法

① 酥皮麵糰的無鹽牛油，放室溫軟化，加入糖粉，用手抓成小酥粒，篩入低筋麵粉拌成麵糰，毋須過度攪拌。圖 1-2

② 酥皮麵糰擀成約 3mm 麵片，冷凍至硬。取出印模，酥皮尺寸跟泡芙麵糰同等大小或稍大點，這個直徑是 3cm，冷藏備用。圖 3

③ 取泡芙麵糊的牛奶、無鹽牛油、鹽及糖混合，小火加熱至沸騰，調至最小火，加入麵粉燙麵，迅速拌勻，關火，翻拌成糰。圖 4

④ 麵糰放涼至微暖，分次加入全蛋液，每添加一次必須拌至完全吸收。

⑤ 全蛋液不一定全部加入麵糰，見刮刀帶起麵糊呈倒三角形及飄帶狀即可。圖 5

⑥ 麵糊裝入擠花袋，在烤盤擠出 3cm 直徑小圓餅，個體間預留間隔膨脹。圖 6

❼ 取出冷凍好的酥皮麵糰，輕輕放在泡芙麵糊表面。圖 7

❽ 焗爐預熱至 200℃，先烤約 10-12 分鐘，待膨脹定型後，調至 170-180℃，再烤約 15 分鐘。

❾ 出爐冷卻，密封保存，如需填充內餡，建議進食前擠進去。

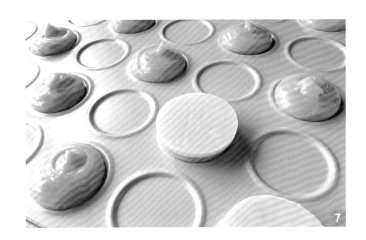

7

製作小技巧

🥄 泡芙麵糊的狀態是成敗的關鍵，全蛋液需要酌情添加，視乎麵糊的狀態調整，過稠或過稀會直接影響膨脹狀態。

🥄 烘烤泡芙的烤溫，在網上有很多參考，我也是多番嘗試，有使用一個溫度烤，也有先高溫後低溫。我個人覺得先高溫讓麵糊迅速膨脹，然後調低一點溫度最後定型，比較適合我的設備。此處建議大家嘗試兩種方法，尋找最適合自己的方式。

中西家庭小點心

西式篇

香蔥曲奇

相對於甜味曲奇，鹹味曲奇較少人製作，可一旦做起來，絕對比甜味曲奇要消滅得更快，因為真的是一塊接一塊，根本停不下來啊！香蔥口味的，單單是聯想起那股蔥香味，就已經迫不及待想吃了！

材料

- 無鹽牛油 120 克
- 牛奶 50 克
- 低筋麵粉 160 克
- 糖粉 40 克
- 海鹽 3 克
- 乾葱碎 5-8 克

做法

1. 無鹽牛油切小塊，放於室溫軟化。
2. 加入糖粉及海鹽攪打混合。圖 1
3. 分次加入室溫牛奶，攪打至牛油體積膨發，有蓬鬆感。圖 2
4. 加入乾葱碎拌勻，最後篩入低筋麵粉拌成麵糊。圖 3-4
5. 將擠花嘴裝入擠花袋，把麵糊裝進去，擠成直徑約 3cm 小花。圖 5
6. 焗爐預熱至 185℃，烘烤約 15-18 分鐘即可。圖 6

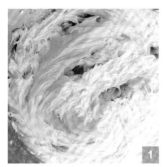

製作
小技巧

這是一款鹹曲奇，所以必須放鹽，建議選用海鹽，鹹度沒那麼高，如沒有海鹽的話，食用鹽需要酌減 1-2 克。

我選用的是乾葱碎，覺得比較方便，也非常容易保存；如使用新鮮小香葱的話，需要把香葱切得細碎些，以免堵住擠花嘴。

建議使用大一點、花齒密度小一點的擠花嘴；如使用小號或花齒密集的花嘴，很容易堵塞。

關於曲奇的烘焙時間，因各焗爐不同而有差異，在對自家器材不了解的情況下，建議先嘗試食譜一半分量，測試烘烤曲奇所需的爐溫和時間，再做全份曲奇。

曲奇的擠花大小、厚薄程度也會影響烘烤時間，如曲奇花偏厚，建議添加 1-2 分鐘，以保證烘烤完全。

抹茶紅豆鬆餅

說到鬆餅，可謂是英式下午茶不可或缺的，看似簡單的食譜和操作，我也經歷過不少次失敗，才摸清其中的門道。成功的鬆餅出爐後外層脆脆，內裏鬆軟，別提有多好吃了！

材料

可做10個

- 低筋麵粉 200 克
- 無鹽牛油 60 克
- 雞蛋 1 個（約 55 克）
- 鹽 1 克
- 泡打粉 5 克
- 糖 15 克
- 牛奶約 55 克
- 抹茶粉 6 克
- 蜜漬紅豆 30 克

做法

1. 低筋麵粉、鹽、泡打粉、糖及抹茶粉混合拌勻。
2. 無鹽牛油毋須回溫，切成小丁，放入粉類混合物中，用手抓成小酥粒。圖 1-3
3. 加入雞蛋和牛奶，隨意拌至成糰，放入蜜漬紅豆混合，包裹保鮮紙，冷藏 30 分鐘。圖 4

❹ 取出麵糰，分成兩份，重疊放好，稍稍壓一下，再輕輕擀成約 2cm 厚片。圖 5-6

❺ 用印模印出圓形或切分出三角形狀，表面掃上蛋液。圖 7-8

❻ 預熱焗爐至 180℃，烤約 20-25 分鐘即成。圖 9

製作小技巧

🔹 牛油與粉類混合成酥粒時，毋須拌得很細緻，酥粒有大有小是沒問題的。

🔹 加入蛋液及牛奶後，將材料混合成糰即可，切勿過度攪拌。

🔹 麵糰需要經過摺疊再擀平，有效提升鬆餅的高度。

中式篇

葱油餅

外脆內軟，層次超多的葱油餅，一層一層撕開來，撲鼻的葱花香氣，相信沒多少人會拒絕這一口美味！我家不只是大人愛吃，就連兩個小孩對葱油餅喜愛有加，明明平時餸菜有一粒葱花都硬要挑出來不吃，卻可接受滿滿葱花的葱油餅！

餅皮部分

可做小餅 6 個
大餅 4 個

- 中筋麵粉 300 克
- 熱水（70-80℃）190 克
- 鹽 3 克
- 葱花適量（按個人喜好）

油酥料

- 食用油 30 克
- 麵粉 30 克

做法

❶ 中筋麵粉及鹽拌勻，加入熱水迅速用筷子攪拌成麵絮狀。

❷ 用手揉成麵糰，毋須搓至非常光滑，蓋上保鮮紙靜置 15 分鐘。圖 1-2

❸ 再次揉麵，此時只需揉大概 10 來下，將麵糰揉至表面光滑的狀態，鬆弛 20 分鐘。圖 3

❹ 將油酥的油及麵粉混合，攪成糊狀。

❺ 餅皮麵糰擀開，能擀多大就盡量擀，均勻地塗抹油酥，撒上葱花及少許鹽。圖 4

6 麵片切分成 4 或 6 小份，每份捲成長條。雙手提着長條兩端，盡量提拉，以不弄斷為準，能拉多長就多長。圖 5-6

7 將長條盤成圓餅，末端放於餅皮底部，直至全部做好。圖 7

8 麵糰保濕鬆弛約 10 分鐘，每個麵餅壓扁擀成圓形。圖 8

9 鍋內放少許油，放入麵胚烙至兩面金黃即可。

製作小技巧

● 如無法將整個麵糰擀開，可分成小份，然後擀成小麵皮，塗抹油酥、捲起及拉伸等步驟不變。

● 葱油餅烙製時間因厚薄程度不同而有差異，一般每面烙 2-3 分鐘即可，喜歡乾脆一點的可延長煎製時間。

● 做好的葱油餅生麵胚，可用牛油紙或塑料膜間隔，存放冷凍櫃，需要食用時直接取出回溫（毋須完全放軟），即可下鍋煎製。愛吃的朋友可以一次多做冷凍起來，就隨時都可吃香噴噴的葱油餅了。圖 9

中式篇
軟皮栗子包

軟皮紅豆餅是一款老式點心，跟酥皮紅豆餅不同，顧名思義軟皮是外皮軟軟的，低糖低油還便於咬動，對老人及小孩特別友好。這款軟軟的麵皮簡單易上手，不僅可以包裹紅豆餡，我覺得栗子餡、綠豆餡或肉鬆餡也十分好吃，綠豆清甜；栗子芳香；肉鬆香濃，用途甚廣，各具特色。

材料

可做 15 個

- 中筋麵粉 200 克
- 酵母 3 克
- 砂糖 15 克
- 粟米油 20 克
- 水約 90 克

餡料

- 栗子蓉 450 克

做法

① 餅皮部分所有材料混合，揉成光滑的麵糰，蓋上保鮮紙鬆弛 20 分鐘。圖 1-2

② 餅皮分成每份約 20 克；栗子蓉分成每份 30 克。圖 3

③ 餅皮逐個滾圓，蓋好保鮮紙備用。餅皮稍微壓扁，擀成圓形，包入栗子蓉，可滾成圓球或壓成棋子狀，直至所有完成。圖 4-6

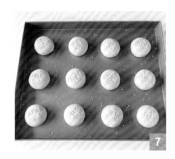

④ 餅皮表面塗抹少許水,綴上芝麻。圖 7

⑤ 焗爐預熱至 180℃,放入麵糰焗 9 分鐘。將每個麵糰翻面,再烤約 9 分鐘,至兩面金黃即可,冷吃熱吃皆宜。圖 8

製作小技巧

● 這款麵皮雖然加入酵母,但並沒有花很多時間讓麵糰發酵,成品的餅皮有蓬鬆感及軟度,有別於麵包的質感。

● 餅皮擀得薄些,皮薄餡大,成品的口感會更好。若感到餅皮 20 克對包餡來說有點難度,可增加餅皮的分量,把餅皮擀大些就更好包了。

● 烘烤時可根據食譜建議中途翻面,可烤出兩面上色的成品,並防止餅皮開裂。如不想翻面的話,成品形狀會偏向圓拱形。

中式篇

花生小小酥

美味的花生酥，是很多人的心頭愛，尤其對鍾愛傳統中式點心的朋友來說，這款樸實的小點必需在品嘗名單中。這次我使用植物油製作，原料簡單，便於取材，做出來的花生酥同樣非常酥脆好吃！

材料

可做15個

- 熟花生碎 40 克
- 熟黑芝麻適量（裝飾用）
- 粟米油 50 克
- 雞蛋 25 克
- 砂糖 30 克
- 花生醬 25 克
- 低筋麵粉 125 克
- 泡打粉 2 克
- 食用梳打粉 1.2 克

做法

1. 處理花生有以下兩種方法：
   方法一：鍋內不放油，加入生花生用小火慢炒至表面轉色，花生衣離殼即可，放涼後去除花生衣，留下花生仁。
   方法二：焗爐預熱至 150℃，放入生花生烤約 15 分鐘，取出去衣。
2. 花生仁用攪拌機打碎，也可用擀麵棍敲碎或碾碎，建議顆粒毋須太細，保持小顆粒狀，口感更棒。圖 1
3. 粟米油、雞蛋及砂糖混合成糊狀，加入花生醬混合，加強酥點的香氣。
4. 低筋麵粉、泡打粉及梳打粉混合，充分拌勻，加入雞蛋麵糊中，用刮刀拌勻，最後加入花生碎混合。圖 2-3

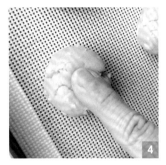  

❺ 戴上手套,分成每小份約 20 克,搓成小球,在頂部用手指按壓淺坑。圖 ⒋

❻ 於表面掃上蛋液(配方外分量),撒上熟黑芝麻。圖 ⒌

❼ 放入已預熱 170℃ 焗爐,烤約 20 分鐘,至表面上色即可。圖 ⒍

製作小技巧

🫘 必須使用製熟的花生,切勿使用生花生。

🫘 花生顆粒不要弄得太碎,保留顆粒感更好吃。

🫘 如想成品鬆脆,加入粉類後不要過度攪拌,只需翻拌均勻無乾粉即可;過度攪拌產生筋性,成品更為結實。

中式篇
艾餅

人間最美四月天，草長鶯飛，滿園春色……以艾草製餅，嘗一口屬於春天的滋味！四月是艾草的當家季節，其功效祛濕疏風、止癢殺菌，是春天很常見的野菜。親戚採摘了艾草送我，最快捷的食用方法莫過於製成香甜軟糯的艾餅，小孩也容易接受。

材料

- 艾草 500 克
- 食用梳打粉 2-3 克
- 糯米粉 100 克
- 粘米粉 100 克
- 艾草（連水）約 150 克
- 砂糖 20 克

餡料

- 豆沙 90 克

做法

❶ 新鮮艾草洗淨；燒滾水，放入食用梳打粉 2-3 克，加入艾草煮 1 分鐘，瀝乾水分。燙好的艾草放入攪拌機打成蓉，如喜歡有點艾草碎可直接使用，不喜歡的可過濾汁水使用。

❷ 取艾草連汁水（或純艾草水），加熱燒滾。

❸ 糯米粉及粘米粉混合，倒入半份艾草液迅速攪拌，用手揉成糰。圖 1

❹ 再倒入另一半艾草液，灑入砂糖繼續揉成光滑麵糰（艾草液毋須全部使用，預留一些，感到水量不足再添加）。圖 2

❺ 蓋上保鮮紙鬆弛 10 分鐘，分成小份約 20 克，搓成小球。

4   5

6　小麵糰擀平，包入豆沙 15 克，捏好，包成餃子
　　形狀或放入月餅模壓制（如不包入餡料，可加大
　　麵糰分量）。圖 3-4

7　放入蒸鍋內，冷水下鍋開始計時，以中大火蒸
　　10 分鐘；如蒸製過久，花紋不一定保持清晰。
　　圖 5

**製作
小技巧**

- 若艾草數量太多用不完，可採用以下冷凍法保存，
  隨時可品嘗清新獨特的味道。在打成蓉前直接搾乾
  水分，將艾草團成球冷凍保存，使用時回溫打蓉即
  可；或全部打碎，濾出汁水，把汁水和艾草蓉分裝
  冷凍。
- 由於艾草麵糰的糖量較少，如不包入餡料，製作麵
  糰時建議可多添加一點糖，不然成品沒甚麼味道。
- 艾草麵糰本是燙麵的做法，艾草是經過烹煮，內餡
  是熟的狀態，所以艾餅毋須蒸製過久，以免因蒸製
  過度失卻花紋。
- 艾草液加入食用梳打粉拌勻，能保持翠綠色澤，也
  可省略。

著者
鍾肖瑩 Cynthia Chung

責任編輯
簡詠怡

裝幀設計
鍾啟善

排版
辛紅梅、鍾啟善

攝影
鍾肖瑩

出版者
萬里機構出版有限公司
香港北角英皇道 499 號北角工業大廈 20 樓
電話：2564 7511　　傳真：2565 5539
電郵：info@wanlibk.com
網址：http://www.wanlibk.com
　　　http://www.facebook.com/wanlibk

發行者
香港聯合書刊物流有限公司
香港荃灣德士古道 220-248 號荃灣工業中心 16 樓
電話：2150 2100　　傳真：2407 3062
電郵：info@suplogistics.com.hk
網址：http://www.suplogistics.com.hk

承印者
中華商務彩色印刷有限公司
香港新界大埔汀麗路 36 號

出版日期
二〇二四年六月第一次印刷

規格
16 開（240 mm × 170 mm）